ちくま学芸文庫

数学フィールドワーク

上野健爾

JN091396

筑摩書房

はじめに

　「数学は暗記である」とよく言われる．そのこと自体間違っているわけではない．重要な概念や公式，定理はいちいち教科書を見なくても頭の中に浮かんでこなければ数学を考えることは難しい．頭の中で概念を自由に駆けめぐらすことによって考え方は豊かになる．

　ところが，昨今の「数学は暗記である」はそれとは違っていて，問題の答えを暗記することが数学であるという誤解に基づいている．出題範囲が決まっている入学試験や期末試験であれば，たくさんの問題の解法を暗記してしまえば，それなりの点数を取ることができる．テスト対策としてはそれでよいかもしれない．

　しかし，数学の学習の一番大切なことは，「自分の持っている知識を駆使して分からないことを分かるようにする」ことである．そのような努力を通して始めて新しい概念や理論の重要性が分かり，理論を身につけることができる．それがさらなる理解の進展をもたらす力になる．この力は，単に問題の解答を暗記するだけでは決して身につけることはできない．見たこともない問題に遭遇したときに，どのようにして問題解決の糸口を見つけるか，それが

一番重要なことである．解答を先に見ることで，解決の糸
口を自分の力で見つけ出す力を身につける機会を自ら奪っ
てしまう．数学は「分からないことを分かるようにする」
力を身につけるのに一番適した学問である．その一番の基
本を忘れて，解法の暗記に時間と労力を使うとすれば，こ
れほど無駄なことはない．

　ところで，数学は多くの学問や技術を支える言語として
の働きを持っている．そのため，数学を考えるときに自分
の持っている知識を総動員して「分からないことを分かる
よう」に努力することは，実は多くの分野に応用すること
ができる．そのような意味で，数学を学ぶことは，将来社
会にでて活躍する基礎を作る上で重要な働きをする．私た
ちのまわりには，地球環境問題，エネルギー問題，人口問
題，食糧問題など，人類の将来に大きな影を落とす大問題
が山積しているが，その対処法は手探りの状態である．私
たちの将来を脅かす問題の解決の糸口は「分からないこと
を分かるようにする」努力からしか生まれてこない．その
準備としても数学は大切な役割を担っている．数学の学習
はこのように深い意味を持っている．また，逆に多くの学
問や技術の要請を受けて数学は発展してきた．数学を学ぶ
ためには，こうした他分野との結びつきを知っておくこと
は重要なことである．

　本書は数学の持つこうした側面を積極的に取りあげ，私
たちが中学・高校で学ぶ数学がどのような拡がりを持って
いるのかを示し，数学的に考えることの意味を記した．数

学の個々の分野が実は多くの他の分野と絡み合って発展しており，それを切り分けることは難しい．そのこともあって，1章から順に節の数が少なくなっていくが，1章，2章で取り扱う題材は3章，4章と密接に関係している部分が多い．またその関係の仕方が多元的であるために，題材の並べ方が本当は直線的にならないが，本としての性格上順序を決めて並べざるを得なかった．したがって，本書をひもといて最初から順に読んでいかれても，面白そうなところから読み始めてもそれほど困らないように記してある．途中で前の箇所が必要になれば，その箇所を遡って読めば簡単に理解できるように記したつもりである．

　数学の拡がりから言えば，本書はその一端を記したに過ぎない．多くの研究課題を入れたのは自ら作業をすることによって数学の拡がりを体験してほしいからである．本書を通して数学の拡がりとその考え方の自由さ，面白さを感じて，自ら考えること，問題解決の糸口を見つけ出す喜びを体験し，さらにその先の学習へと歩を進めていただければ筆者としてはこれ以上の喜びはない．

　2008 年 10 月 14 日

　　　　　　　　　　　　　　　　　　　　　　　著 者

目　　次

数学フィールドワーク

1章
大きい数，小さい数

　はじめに数をめぐるいくつかの話題を取り上げる．話題の中心は数 a の「ベキ」である．「2 の n ベキ乗」2^n は n が大きくなるときに急速に大きくなることを実感してもらうことから話を始めたい．

　数学上の最終目標は指数関数と対数関数にあるが，指数関数や対数関数が直接表に出てくる場面は現在の初等・中等教育では少ない．そこで，指数や対数が現れる場面をいくつか登場させて指数，対数の持つ現代的な役割を見ていきたい．

1.1　万物は数である

　私たちのまわりには数が飛び交っている．いまここに日本経済新聞（日経）の朝刊がある（2008 年 9 月 1 日）．どの紙面をみても数字のオンパレードである．

　経済紙なので数字が多いのは当然かもしれないが，まず目につくのは「内閣支持率 29％に低下」という第 1 面の見出しである．昨年 2007 年 9 月福田内閣成立からの福田内閣の支持率と自民，民主の政党支持率の変化グラフも記されている．これは朝刊の記事であるが，この 1 日の夜に

福田首相が辞職することを表明し，2008 年 9 月 1 日は歴史的な日になった．今回の内閣支持率の調査は全国の成人男女を対象に乱数を使って電話番号を選び，電話による調査であり，1549 世帯に電話して 866 件の回答を得，回答率は 55.9% であったと日経は記している．

　第 3 面の月曜経済観測の欄では「調整局面の原油相場」と題して石油会社の会長の聞き取り記事が載せられ，今年 7 月 11 日に 1 バーレル 147 ドルをつけた原油先物価格が下落に転じているが，年内に 1 バーレル 150 ドルを超える可能性は低いが 100 ドルを割る可能性も低いとある（実際には 10 月上旬に世界経済の急激な変化で 100 ドルどころか 90 ドルも割ってしまった）．第 6 面には，中国では政府が中小企業向けに資金繰りの支援を行う専門銀行構想が検討されていることが記され，その記事の中で今年上半期の中国での中小企業の倒産が 6 万 7 千件に上るが，今年 1 月から 3 月に商業銀行からの中小企業の融資比率は 15% にとどまり銀行の貸し出し全体が伸びるなか，中小企業向けは 3 月末で約 3000 億元（約 4 兆 8000 億円）と前年同月比で 300 億元減少していることが述べられている．第 7 面では，アメリカではハリケーン「グスタフ」が，勢力がカテゴリー 3（最大風速 50〜58 メートル）のままでニューオーリンズ市周辺に上陸する見通しで 100 万人避難の情報もあると記されている（実際には「グスタフ」がニューオーリンズに上陸したときは勢力が弱まってカテゴリー 1 になり，幸いに大きな被害はなかった）．

　第 11 面では，日本経済新聞社の調査による「働きやすい会社 2008」のランキングが発表されており，昨年総合 2 位であった NEC が首位に返り咲き，得点は 722.27，2 位は松下電器産業（10 月 1 日からパナソニックに社名が変わった）で 720.5 点，社員の意欲を向上させる制度では凸版印刷が 244.79 点で 1 位で，人材育成と評価では 91.85 点で新生銀行が 1 位などランキング表が記されている．また 13 面の科学・技術面では，緑化の CO_2 削減量を予測するソフトが開発され，それによると 225 平方メートルの土地に高さ 3〜6 メートルの比較的大きなケヤキやクヌギを 23 本植えると最初の 1 年で 150 キログラム，次の 1 年で 180 キログラムの CO_2 を固定できると計算できたと報じている．また，原子核よりはるかに小さい 100 兆分の 1 メートルの振動を検出できる新しい手法が NTT の物性科学基礎研究所とオランダのデルフト工科大学の研究チームによって見出されたことが報じられている．さらに 25 面の教育欄では，文部科学省が 8 月にまとめた調査によると学習塾に通う小中学生の 22.1％が学校の前日に午前 0 時以降に就寝し，塾に通っていない小中学生よりその割合は 14.1 ポイント高いこと，休日の過ごし方については塾に通っていない児童・生徒より 8.4 ポイント高い 28.7％が「家で寝ていたい」と答えたという深刻な事態が報じられている．また同じ面では「2020 年の留学生受け入れ 30 万人計画」が大きく取り上げられている．

　数字の氾濫である．これらの数の多くは「円」や「元」

や「バーレル」や「キログラム」のように単位を表すか，
「％」や「割」のように割合を表すことを示す記号や，
「日」や「人」のように個数を表す記号がついている．こ
のように数は数単独で使われることは少なく，通常は数字
の意味を表す言葉や記号とともに用いられることが多い．

《研究課題》　今日の新聞に出ている単位を表す記号をす
べて集めてみよう．これらの単位の意味を説明することが
できるだろうか．（たとえば，1 メートルはどのようにし
て決められるのかを調べることは，歴史の勉強としても大
変面白いことである．『新版 単位の小辞典』[1] が参考にな
る．このことについては第 2 章で少し触れる．）

　上の新聞の記事では 3000 億元や 4 兆 8000 億円という大
きな数が登場する一方で 100 兆分の 1 メートルといった小
さな数も登場する．ピコは 1 兆分の 1 を表す接頭辞である
のでこれは 100 分の 1 ピコメートルということもできる．
ちなみに 1 マイクロメートルは 1 メートルの 100 万分の
1，したがって 1 センチメートルの 1 万分の 1，1 ミリメー
トルの 1000 分の 1 の長さである．あとで出てくるが，セ
ンチ，ミリ，マイクロというのはそれぞれ 100 分の 1，
1000 分の 1，100 万分の 1 を表す接頭辞である．1 センチ
メートルは 1 メートルの $\frac{1}{100}$ の長さを表す単位である．
最近はたまにしか報道されないようであるが，ダイオキシ

ンなどの内分泌攪乱物質(環境ホルモン)ではピコグラムの
単位が問題になる. 1 ピコグラムは 1 グラムの 1 兆分の 1
の重さである.

　世界の人口は現在約 60 億であると言われている. する
と, この世界中の人のなかで一人は全人口の 60 億分の 1
にあたることになる. 世界中の人が 1 ピコグラムずつ持っ
たとしてそれを全部集めても $\dfrac{60}{10000} = 0.006$ グラムにしか

ならない. こんな微量の物質が私たちの健康と関係してい
ることは驚異であるが, 1 ピコグラムの量を測ることがで
きるようになったのは最近のことである. それを考えると
上の日経の記事で 100 兆分の 1 メートル(= 100 分の 1 ピ
コメートル)の振動を検出することができることは驚くべ
きことであることが分かる.

　このように, 数と単位は切り離せない関係にあるが, こ
の章では数そのものを主として取り扱い, 次章「測定と単
位」で, 単位を活用する話を述べることにする. もちろ
ん, 数そのものを扱うといっても, たいていの場合は単位
がついていたり個数の勘定であったりすることは言うまで
もない.

1.2　数の表示法

　私たちは 7 億 2993 万などと, アラビア数字 1, 2, 3, … と
漢字, 億, 万などを併用して数字を記すことがよくある
が, 新聞など縦書きの部分では通常,

七億二千九百九十三万

あるいは

七億二九九三万

と記してある. このように, 我が国では漢数字による数の
表記と, アラビア数字を使った数の表記法がある. 両者の
表記法が入り乱れて, 数学の本では3角形といった奇妙な
表記も市民権を得ている. 7億2993万もそうした類に入
ろう.

　数字をどのように表記するかは世界中で千差万別であ
る. アラビア数字というのでイスラーム諸国は, 私たちが
アラビア数字と呼んでいるものを使っているかというと実
は大違いなのである.

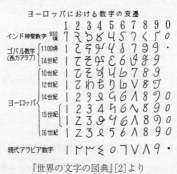

『世界の文字の図典』[2]より

　アラビア数字の起源はインドにあり, インドの記数法が
アラビアに伝わりそれがヨーロッパに伝わって 15, 6 世紀
頃に今日のアラビア数字に近い記数法が確立した. いまで
も, ヨーロッパの各国では筆記した数字は微妙に違ってい
る. 手書きの数字を読みとるのに苦労することが多い.

　ところで, 数の読み方はこれまた千差万別である. 日本
での数の呼び方は

　七兆五千二百六十五億四千二百七十六万八千九百七十一

のように千より大きいところでは万, 億, 兆と 4 桁ずつ呼
び方を変えていっている. これは古代中国からの輸入であ
る. 中国は文献に残っている限りは, きわめて古い時代か
ら 10 進法を使い, 古くから高度な数学が発達していた.
他の文明が計算に苦労していた時代に, 計算に関する限り
は世界で一番進んでいた. その恩恵をいまでも我が国は受
けている. 掛け算の九九が簡明で暗記しやすいのはそのた
めである.

　ヨーロッパの国では 12 進法と 20 進法と 10 進法がご
ちゃ混ぜになっている. 英語では 11 は eleven, 12 は
twelve であり, それ以降は thirteen, fourteen, …,
nineteen, twenty と続く. 20 以降は twenty-one, twenty-
two, …, thirty と自然に 10 進法になっていく. 70 は
seventy, 80 は eighty, 90 は ninety である. フランス語
になるとかなり悲惨である. たとえば 80 は quatre-vingts
(20 の 4 倍), 90 は quatre-vingt-dix (20 の 4 倍足す 10).

アジアにおける数字

（言語名）	1	2	3	4	5	6	7	8	9	0
アラビア	١	٢	٣	٤	٥	٦	٧	٨	٩	٠
現代ペルシア	۱	۲	۳	۴	۵	۶	۷	۸	۹	۰
パシュト	۱	۲	۳	۳	۵	۶	۷	۸	۹	٠
ウルドゥ	۱	۲	۳	۴	۵	۶	۷	۸	۹	٠
グジャラーティー	૧	૨	૩	૪	૫	૬	૭	૮	૯	૦
マラーティー	१	२	३	४	५	६	७	८	९	०
サンスクリット	१	२	३	४	५	६	७	८	९	०
ヒンディ	१	२	३	४	५	६	७	८	९	०
パンジャーブ	੧	੨	੩	੪	੫	੬	੭	੮	੯	੦
グルムキー	੧	੨	੩	੪	੫	੬	੭	੮	੯	੦
ネパール	१	२	३	४	५	६	७	८	९	०
チベット	༡	༢	༣	༤	༥	༦	༧	༨	༩	༠
モンゴル	᠑	᠒	᠓	᠔	᠕	᠖	᠗	᠘	᠙	᠐
カンナダ	೧	೨	೩	೪	೫	೬	೭	೮	೯	೦
テルグー	౧	౨	౩	౪	౫	౬	౭	౮	౯	౦
オリヤー	୧	୨	୩	୪	୫	୬	୭	୮	୯	୦
マラヤーラム	൧	൨	൩	൪	൫	൬	൭	൮	൯	൦
シンハラ	෧	෨	෩	෪	෫	෬	෭	෮	෯	०
タミル	௧	௨	௩	௪	௫	௬	௭	௮	௯	௦
ベンガル	১	২	৩	৪	৫	৬	৭	৮	৯	০
ビルマ	၁	၂	၃	၄	၅	၆	၇	၈	၉	၀
タ　イ	๑	๒	๓	๔	๕	๖	๗	๘	๙	๐
カンボジア	១	២	៣	៤	៥	៦	៧	៨	៩	០
ラ　オ　ス	໑	໒	໓	໔	໕	໖	໗	໘	໙	໐
ジャワ	꧑	꧒	꧓	꧔	꧕	꧖	꧗	꧘	꧙	꧐
中　国	一	二	三	四	五	六	七	八	九	〇

『世界の文字の図典』「2」より

大昔は，それほど大きな数は必要としなかったので，今日から見れば不合理な記数法や数字の読み方が残っている．

≪研究課題≫　世界の国々での数字の書き方，読み方を調べてみよう．特に，古代バビロニアの60進法について勉強してみよう．『古代の数学』[3]や『シュメール人の数学』

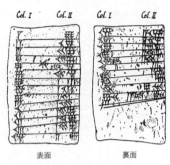

Col. I   Col. II   Col. I   Col. II

表面   裏面
バビロニアの楔形文字([3]より)

[32]がよい参考書である.

《研究課題》 現在使われている言語, たとえば英語, フランス語, ドイツ語, 中国語, 韓国語などで数字をどのように読むかを調べてみよう. さらに, これらの言語で九九をどのように言うかを調べて実際に発音してみよう.

《研究課題》 古代エジプト, バビロニアの数字の書き方を調べて, どのようにして足し算を行うことができるか, 実際に計算してみよう.

《研究課題》 ローマ数字を調べて, 大きな数字をローマ数字で書いてみよう.

ところで, 兆より大きな数は日常生活では出てこない. 1000兆の次の位は京(けいと読む)である. 1000京の次の位は垓(がい)である. それよりさらに大きな数がある. 後述するベキ乗の記号を使うと10^4は1万, 10^8は1億, 10^{12}

は1兆であり，10^{16} が1京である．日本や中国では数字の呼び方は4桁ずつ変わっていく．しかし，欧米では3桁ずつ変わっていく．10^3 は one thousand であり，10^4 は ten thousands，10^5 は hundred thousands，10^6 は one million，10^9 は one billion である．我が国では 10 億に対応する．こうしたことから，数字を3桁ずつ区切ることが欧米では普通である．

$$18,446,744,073,709,551,616$$

かつて我が国では，数字を4桁ずつ区切ることが行われていたが，最近では3桁で区切ることが多い．しかし

$$1844,6744,0737,0955,1616$$

と4桁ずつ区切れば，1844 京 6744 兆 737 億 955 万 1616 と容易に読むことができる．数字の読み方の違いに慣れるのは難しい．筆者は大きな数字を英語で言われたとき，特にお金の話で大きな数字のドルが出てくると円に翻訳することがとっさにはできないことのほうが多い．

　大きな数を使うのが大好きなのは古代インド人である．仏典のなかに大きな数の表現がたくさん出てくる．たまたま，手近にあった『法華義疏』（花山信勝校訂，岩波文庫，下巻 pp. 218-219）に次のような文がある．

　　　五万恒砂を将いたるもの，その数はこれより過ぎたり，

　　　四万及び三万，二万より一万に至る，一千と百等，乃至一恒砂，

　　　半と及び三と四分，億万の一，千万那由他，万億の

諸の弟子
（もろもろ）

　ここでは大きな数と，小さな数が登場する．那由他（な
ゆた）や恒砂（ごうじゃ）は大きな数であり，その実際の大
きさについては諸説がある．恒砂は恒沙とも書かれ，恒河
沙の略であり，本来はガンジス河の砂の数を表す．これら
の数字をつかった上の文をサンスクリットで読むときれい
な発音やリズムがあるのではと想像する．ご存じの方がお
られたら教えていただきたい．

　小数の読み方については[4]，[5]を参照されたい．

《研究課題》　世界でどのような文字が使われているかを
調べてみよう．特に，コンピュータの世界では文字はどの
ように扱われているかを調べてみよう．現在のコンピュー
タでは取り扱えない文字がたくさんある．どうしたらよい
かはこれからの重要な問題である．（「今昔文字鏡」http://
www.mojikyo.org/をのぞいてみよう．）

　世界のさまざまな文字は『世界の文字の図典』[2]で調べ
ることができる．

《研究課題》　漢字の変化(甲骨文字，金石文字，隷書な
ど)を調べてみよう．特に「数」，「算」，「学」が古代にど
のような形をして，どのような意味を持っていたかを白川
静『字通』（平凡社）で調べてみよう．
《研究課題》　ひらがな，かたかながどのように生まれた

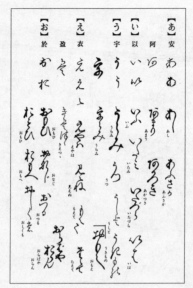

『江戸かな古書文入門』[6] より

かを調べてみよう．また変体がなを調べて，江戸時代の数
学書『塵劫記』の当時出版されたものを読んでみよう（以
下に一例を載せた）．東北大学和算データベース（https://
www.i-repository.net/il/meta-pub/G0000398tuldc/）から画像
データを得ることができる．寛永 4 年（1627）に出版された
ものが一番古い『塵劫記』である．

≪研究課題≫　コンピュータのアスキーコードについて調

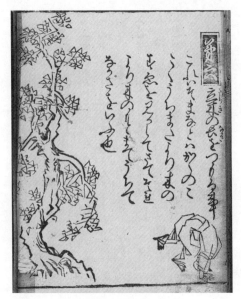

第六　立木の長さをつもる事

これは，そまなどはかくのごとく，うちまたより木のすゑを見申して，さてそれより木のもとまでうちて，ながさをいふ也(濁点を補い，かたかなの「ハ」は「は」に変えた.)

　　　　吉田光由『塵劫記』四巻六十三条本(寛永11年版)第三巻より

べてみよう.

≪研究課題≫　ユニコードについて調べ，中国，日本，韓国で使われる本質的には同一の漢字(字体が(微妙に)違う)に同じコード番号を割り当てたことの利点と欠点について

考えてみよう.

≪研究課題≫　世界中で使われている多くの文字をコン
ピュータで使うことができるように，さまざまな工夫がさ
れている．そうした例を「今昔文字鏡」,「超漢字」などで
調べてみよう.

1.3　大きな数

　ヨーロッパではチェスの発明者にまつわる話が伝えられ
ている．ある人がインドの王様にすばらしい話をして，王
様からほうびをもらえることになった．その人は王様にほ
うびとしてチェス盤の最初のマスに1粒の麦を，2番目の
マスに最初の倍の2粒の麦を，3番目のマスには2番目の
マスの倍の4粒の麦を，以下最後の64番目のマスまで麦
を置いて，それをすべて戴きたいと願い出た．欲のないこ
とと思った王様はこの願いをすぐ受け入れたが，やがて大
変な約束をしたことに気づいた.

　この話は，我が国へも伝わってきて，曾呂利新左衛門と
太閤秀吉の話に翻案され，麦は米に変わっている．同様の
問題は『塵劫記』にも出てくる([7], [8])．お金の単位を
円に直して記しておく．(原文では，お金の単位は文であ
る.)

　　「日に日に一倍のこと」(「一倍」とは現在の2倍のこと
　　である．ちなみに江戸時代の「二倍」は現在では3倍
　　に当たる)．今，お金1円がある．次の日には2円，3
　　日目には4円，4日目には8円，…のように前日の2

倍を用意するものとする．30 日目にはいくらになる
か．

　最初のインドの話では，3 番目のマスには $4×2 = 8$ 粒，
4 番目のマスには $8×2 = 16$ 粒，5 番目のマスには $16×2$
$= 32$ 粒，6 番目のマスには $32×2 = 64$ 粒となる．ここで
2 を n 回掛けることを 2^n と記そう．一般に数 a を n 回掛
けて得られる数を a^n と記し，a の n 乗とよぶ．

$$a^n = \underbrace{a×a×\cdots×a}_{n}. \tag{1}$$

　この記法を用いると n 番目のマスでは麦は 2^{n-1} 粒置く
ことになる．そこで，次の計算をやってみよう．

$$2^{10} = 1024,$$
$$2^{15} = 32768,$$
$$2^{30} = 1073741824,$$
$$2^{60} = 1152921504606846976,$$
$$2^{63} = 9223372036854775808$$

この計算をうまく行うためには次の指数法則を使う．

$$a^m×a^n = a^{m+n} \tag{2}$$
$$(a^m)^n = a^{mn} \tag{3}$$

このことは，(1)より明らかであろうが，念のため証明し
ておこう．最初の式は

$$a^m×a^n = \underbrace{(a×a×\cdots×a)}_{m}×\underbrace{(a×a×\cdots×a)}_{n}$$
$$= \underbrace{a×a×\cdots×a}_{m+n} = a^{m+n}.$$

2 番目の式は

$$(a^m)^n = \underbrace{a^m \times a^m \times \cdots \times a^m}_{n}$$
$$= \underbrace{a \times a \times \cdots \times a}_{mn} = a^{mn}$$

より明らか.

さて，2^{63} を求める計算に挑戦してみよう．まず，$2^5 =$ 32 に注意する．すると

$$2^{10} = (2^5)^2 = 32^2 = 1024$$

を得る．次に

$$2^{15} = 2^{10} \times 2^5 = 1024 \times 32 = 32768,$$
$$2^{30} = 32768^2 = 1073741824$$

と計算を続けることができる．その次の 2^{60} の計算は筆算ではかなり大変であるが，時間をかけて計算してみよう．

≪研究課題≫　以上の計算をそろばんを使って行ってみよう．また，電卓を使って 2^{60} を計算をしてみよう．電卓では大きな桁の数はそのままでは扱えない．どのように工夫したら正しい数値が計算できるだろうか．

　[注]　指数表示機能の付いた電卓なら，普通の電卓ではエラーになってしまうような大きな数（電卓で扱える桁数を越えた数）では

1.152921504607e+18　　　($1.152921504607 \times 10^{18}$ を表す)

のような指数表示がされることに注意しよう．このような大きな数を電卓で扱う場合には，たとえば

$$(100a+b) \times (100c+d) = 10000ac + 100(bc+ad) + bd$$

となることを使って，ac, $bc+ad$, bd を計算すればよい．これ

は 10 進位取り記数法のよい練習問題である．

≪研究課題≫　麦 9223372036854775808 粒とはどれくらい
の量であろうか．麦は通常は押し麦の形でしか手に入らな
いだろうから，麦のかわりに米を使うことも考えられる．
しかし，米粒は小さすぎるので，節分のときに豆(大豆)を
使って 100 個の大豆がどれくらいの量になるかを調べてみ
よう．またコップ一杯にはどれくらいの大豆が入るであろ
うか．たくさんのグループで調べてみよう．豆の大きさは
みな違うので，個数は違ってくるであろう．平均を求めて
みよう．

≪研究課題≫　平均を求めるだけでなく分散，標準偏差も
求めてみよう．N グループでコップ一杯の大豆の個数を
調べて，$a_1, a_2, \cdots, a_N$ が得られたとすると，平均

$$a = \frac{a_1 + a_2 + \cdots + a_N}{N}$$

に対して分散 σ^2 は

$$\sigma^2 = \sum_{j=1}^{N} (a_j - a)^2$$

標準偏差 σ は

$$\sigma = \sqrt{\sum_{j=1}^{N} (a_j - a)^2}$$

で与えられる．

　しかし，個数の計算より麦 9223372036854775808 粒の重

さを調べた方がはるかに分かりやすいであろう．話を簡単
にするために麦1粒の重さは0.01グラム，すなわち麦100
粒で1グラムとしよう．これは実際の麦1粒よりは少し軽
いぐらいか．すると2^{63}粒の麦の重さは9223372036854758.08
グラムであり，これは約92233720368548キログラムであ
る．さらに，いいかえると約92233720369トン，約9百億
トンである．

≪研究課題≫　米のように小さな粒を数えるのは大変であ
る．小さな粒の一つ一つの重さがそれほど変わらないとき
に，だいたいの米粒数を知るにはどうしたらよいであろう
か．（精米した米粒では100粒でほぼ2グラムである．）

≪研究課題≫　①　問題をさらに一般化して，直接重さを
計ることが難しい場合にはどのようにして重さを計ること
ができるかを考察しよう．象の体重，巨大な石の重さなど
はどのようにして測ったらよいか．

　②　①の問題に関連して密度，比重の意味を調べておこ
う．

　チェス盤のマスの上にある（実際はマスにのりきらない
が）麦粒はいくつになるであろうか．これは
$$1+2+2^2+2^3+\cdots+2^{62}+2^{63}$$
を求める問題である．このような問題は文字式で表現した
方が分かりやすい．
　$x = 2$とおくと，2^nはx^nと書けるので上記の式は

$$1+x+x^2+x^3+\cdots+x^{62}+x^{63}$$

と書くことができる．この和を求めるためには，さらに一般に

$$A_n(x) = 1+x+x^2+x^3+\cdots+x^{n-1}+x^n$$

を考える．この式に $1-x$ をかけると

$$(1-x)A_n(x) = 1+x+x^2+x^3+\cdots+x^{n-1}+x^n$$
$$-x(1+x+x^2+x^3+\cdots+x^{n-1}+x^n)$$
$$= 1-x^{n+1}$$

を得る．したがって，

$$A_n(x) = \frac{1-x^{n+1}}{1-x} = \frac{x^{n+1}-1}{x-1}$$

を得る．この計算は $x \neq 1$ である限り正しい．

この一般的な計算によって，

$$1+2+2^2+2^3+\cdots+2^{62}+2^{63} = \frac{2^{64}-1}{2-1} = 2^{64}-1$$

となり，2^{64} を計算すれば答えが分かる．

　問題　2^{64} を求めよ．

　[答]　$2^{64} = 2^{63} \times 2 = 2^{63} + 2^{63}$
$$= 9223372036854775808 + 9223372036854775808$$
$$= 18446744073709551616$$

したがって，麦粒の総数は 18446744073709551615 であることが分かる．これはだいたい 1845×10^{16} であり，約 1845 京である．

　この解答のように，実際に計算をするときには工夫も大

切である．工夫することによって計算が劇的に簡単になる
例を『塵劫記』から現代語に訳して引用しよう（[7]）．

　問題　999 羽のカラスが 999 の浦にいて，それぞれのカ
ラスが 999 声鳴いた．全部で何声鳴いたか．

　[答]　999^3 の計算を行えばよいが，以下のように考える
と計算はきわめて簡単になる．

$$999^2 = 999 \times (1000-1)$$
$$= 999000 - 999$$
$$= 999000 - (1000-1)$$
$$= 998001$$
$$999^3 = 999^2 \times 999$$
$$= 998001 \times (1000-1)$$
$$= 998001000 - (998000+1)$$
$$= 998001000 - (1000000 - 2000 + 1)$$
$$= 997001000 + 1999$$
$$= 997002999$$

　また 1.10 節で述べる二項定理を使えばさらに簡単に計
算できる．

$$(x+y)^3 = x^3 + 3x^2y + 3xy^2 + y^3$$

に $x = 1000,\ y = -1$ を代入すると

$$999^3 = 1000^3 - 3 \times 1000^2 + 3 \times 1000 - 1$$
$$= 1000000000 - 3000000 + 3000 - 1$$
$$= 997000000 + 2999$$
$$= 997002999$$

1.4 大きい数，小さい数の表し方

小さな数を調べるための準備として，ベキの記号を負の整数ベキに拡張しよう．以下ではつねに $a \neq 0$ と仮定する．n が正の整数のとき

$$a^{-n} = \frac{1}{a^n}$$

と定義する．さらに

$$a^0 = 1$$

と定義する．すると任意の整数（正負どちらでもよい）m，n に対して指数法則

$$a^m \times a^n = a^{m+n} \tag{4}$$

$$(a^m)^n = a^{mn} \tag{5}$$

が成り立つことが分かる．特に $n < 0$ のとき，$a > 0$ であれば $0 < a^n < 1$ であり，$0 < a < 1$ であれば $a^n > 1$ であることに注意する．

　大きい数や小さい数を表すにはベキ乗の考え方を使うと便利である．たとえば，4×10^4 は 40000 であり，1.8×10^5 は 180000 を表す．また $\frac{1}{10} = 0.1$, $\frac{1}{100} = 0.01$ などに注意すれば，正の整数 m に対して

$$10^{-m} = 0.\underbrace{000\cdots01}_{m-1}$$

であることが分かる．したがって，たとえば，2×10^{-3} は $\frac{2}{1000} = 0.002$ であることが分かる．これより，1 ピコグラ

ムは 10^{-12} グラムと表すことができる. さらにこの表示法を一般化して $1.2×10^{-12}$ などと表示することができる. この表示式を使うと, 大きな数も, 小さな数も読み方を知らなくても万国共通に通用することが分かる. いくつか例をあげておこう.

光速（真空中の光の速さ）　1 秒あたり
$2.99792458×10^8$ m

太陽の質量　　　　　　　　$1.9891×10^{30}$ kg

太陽から地球までの最小距離　$1.471×10^8$ km

太陽から地球までの最大距離　$1.521×10^8$ km

電子の質量　　　　　　　　$9.1093987×10^{-31}$ kg

陽子の質量　　　　　　　　$1.6726231×10^{-27}$ kg

中性子の質量　　　　　　　$1.6749286×10^{-27}$ kg

電子の古典半径　　　　　　$2.81794092×10^{-15}$ m

こうしたさまざまな数値は『理科年表』[9]で知ることができる.

さらに 10 の整数ベキ乗倍を表す接頭語をあげておこう. たとえば 1 ギガメートルとは 1 メートルの 10^9 倍, 1 デシリットルは 1 リットルの $\dfrac{1}{10}$ 倍, 1 ヘクトパスカルは 1 パスカルの 100 倍である.

テラ	T	10^{12}	デシ	d	10^{-1}
ギガ	G	10^9	センチ	c	10^{-2}
メガ	M	10^6	ミリ	m	10^{-3}
キロ	k	10^3	マイクロ	μ	10^{-6}
ヘクト	h	10^2	ナノ	n	10^{-9}
デカ	da	10	ピコ	p	10^{-12}

1.5 ゾウリムシ

　1.3 節の話は 2 のベキ乗が急速に大きくなることを使っている. 同じ数学的な構造は細菌の分裂やゾウリムシの分裂に関しても当てはめることができる. 細菌は十分な養分があれば 2 個の細菌に分裂する. 最初に細菌の数が N であるとする. 個々の細菌が分裂するのにかかる時間は同じ条件の下ではほとんど一定である. その時間を T 時間とする. したがって T 時間後には細菌の総数はほぼ $2N$ になる. これを数学的に考えるときには,「ほぼ 2 倍」ではなく「T 時間後に総数がちょうど $2N$ になる」と考える.

　これは一つの数学的なモデルを作って考えることを意味する. モデルの善し悪しは, モデルを使って計算した結果が現実の現象をうまく説明できるか否かにかかっている. さて, このモデルでは細菌の数は $2T$ 時間後には $2^2 \cdot N$, $3T$ 時間後には $2^3 \cdot N$ になる. nT 時間後には細菌の総数は $2^n \cdot N$ になる. これではたちまちのうちに世界中が細菌でうまってしまうことになるが, 実際にそうならないのは, 細菌が分裂するのに必要な養分が足りなくなってしまうこ

とや，細菌を殺す他の生物や化学物質などが存在すること
などで分裂しにくくなるからである．いずれにせよ，最初
の条件がよいときは倍々ゲームで増えていくことになる．
この増え方をグラフで記してみよう．簡単のため $T=1$,
$N=1$ としよう．

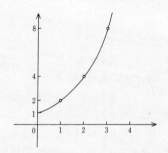

　細菌の分裂数を問題にしているのでプロットした点以外
は意味がないと考えられるが，グラフをきれいにつないで
考えたくなる．そのためには $y=2^x$ という関数を考えれ
ばよい．x が正の有理数 $\dfrac{p}{q}$ のときは $2^{\frac{p}{q}}$ は 1.4 節に述べた
指数法則 (4), (5) を使って次のように考えることができる．
まず，形式的に指数法則 (5) を適用して

$$\left(2^{\frac{1}{q}}\right)^q = 2^{q \cdot \frac{1}{q}} = 2$$

を得る．そこで $2^{\frac{1}{q}}$ は正の数かつ 2 の q 乗根 (q 乗して 2 に
なる数) と定義する．そこで

$$2^{\frac{p}{q}} = \left(2^{\frac{1}{q}}\right)^p$$

と定義する．これは 2^p の正の q 乗根でもある．このように考えると，一般の正の実数 x に対しては x に近づく有理数の列 $\dfrac{p_n}{q_n}$ をとって $2^{\frac{p_n}{q_n}}$ の極限として定義できることが知られている．

　$y = 2^x$ のグラフは急激に大きくなってすぐに書けなくなってしまう．それを回避する方法として対数目盛を使うことがある．これについては後に述べる．

　ところで，細菌を観察するのは大変なので単細胞生物であるゾウリムシでこの倍々ゲームを観察してみよう．

　ゾウリムシはわらの煮汁で飼うことができる．他にもたとえばレタスの葉をすりつぶして濾過した液を水に加えよく煮沸したドブの土を少量入れることで作ることもできる．（ただし，レタスが農薬で汚染されているとゾウリムシは死んでしまうかもしれない．）詳しくはたとえば[10]を見てほしい．http://sci.keio.ac.jp/gp2010/practia/biology/additinal.00008.html がある．ゾウリムシのえさは枯草菌である．これらの液で枯草菌がよく増える．枯草菌は条件がよいときは 35 分で分裂する．ゾウリムシはえさがたくさんあると盛んに分裂して増えていく．ゾウリムシは 5 時間で 1 回分裂する．

　しかし，ゾウリムシには寿命があり，600 回くらい分裂すると死んでしまうといわれている．1 つのゾウリムシが

600 回分裂を繰り返すと総数は 2^{600} になる．これはおおよそ 4.1×10^{180} であり，181 桁の巨大な数である．（対数を使って 2^{600} の概算をすることについては後述する．）

もちろん，こんなにたくさんのゾウリムシが生じないのは，増えすぎると排泄物で環境が悪化し，えさも少なくなるからである．

≪研究課題≫　ゾウリムシを飼育して時間とともに一定の体積中（たとえば 0.1 ml 中）のゾウリムシの総数の変化の仕方を観察してみよう．（5 時間ごとに調べてみよう．また，毎日同じ時刻に調べてみよう．）ゾウリムシの数が多く，動きまわって数えることが難しい場合は，5％の希釈ホルマリン液を加えてゾウリムシを固定して，虫メガネや顕微鏡を使って数えるとよい．

≪研究課題≫　さらにゾウリムシのサンプルをいくつか作って，時間ごとの総数の変化をサンプル間で比較してみよう．

ゾウリムシの体長は大体 0.3 mm であり，肉眼でもかろうじて識別できる．枯草菌の体長は 0.0025 mm であり，肉眼では識別できない．ところで，ゾウリムシは 400 回近く分裂するとそれ以上の分裂が難しくなる．そうすると他のゾウリムシとの**接合**によって新たに分裂できるようになる．

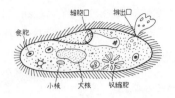

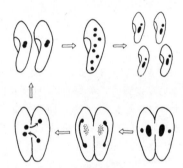

ゾウリムシの接合のようす
（鈴木皇編著『とくべつ面白い理科』[10]より）

≪研究課題≫　ゾウリムシは自分自身が分裂してできたゾ
ウリムシと接合するものと, 他のゾウリムシから生じたも
のとしか接合しない種類があることが知られている. でき
るだけ離れた場所からゾウリムシを採取してゾウリムシの
接合を調べてみよう. もし可能であれば, 遠くの学校との
間でゾウリムシの交換をしてみよう. 本来は接合しないゾ
ウリムシを薬品（メチルセルロース）を使って接合させるこ
とができることが発見されている. （http://mikamilab.

miyakyo-u.ac.jp/selfing.html に実験方法が記されている.)
また，ミドリゾウリムシには8種類の性(通常の雌雄と
違って接合型と言われる)があることが知られている(『性
の源をさぐる――ゾウリムシの世界』[11]).

≪研究課題≫　上でレタスの葉が農薬で汚染されているか
もしれないと書いたが，『新版 環境教育事典』[12]の p.
608「残留農薬のこわさ」の項に市販のパセリの葉を食べ
てキアゲハの幼虫が死んでしまった話がでている．しか
し，人への影響については直接はなにも述べていない．こ
のような著者の態度は許されることであろうか．環境問題
に関する基本的な著作『沈黙の春』[13]，『奪われし未来』
[14]を読んで考えてみよう．さらにそれを受継いだ『サイ
レント・アース』[33]も読んでみよう．

　環境問題は議論する人の立場(の利害)が意見に大きく反
映してくる．自分に都合の悪い部分のデータはできるだけ
考えないようにして，都合のいい部分だけを使って議論す
る例が多い．また短期間に現れる現象だけを問題にするこ
とが多く，影響が出てくるまでに長い時間がかかるものは
議論から外されてしまう場合が多い．

≪研究課題≫　ダイオキシンの害について宮田秀明著『ダ
イオキシン』(岩波新書)と渡辺正・林俊郎著『ダイオキシ
ン』(日本評論社)を読み較べて，両者の主張の違っている
部分をていねいに比較してみよう．特に両者が見落として

いる部分，科学的データに基づかない思い込みで主張して
いる部分はないかを調べてみよう.

≪研究課題≫　ここで述べた倍々ゲームの原理はねずみ講
やマルチ商法として悪用されることがある. ときには，幸
福の手紙(この手紙を受け取った人は差出人以外の2人以
上に手紙を出さないと不幸が訪れるという内容の手紙)と
して登場する. こうしたことは，ベキ乗 2^n を計算すれば
うまくいかなくなることがすぐ分かるはずであるが，被害
者は後を絶たない. なぜこのような被害に遭うのだろう
か. 考えてみよう.

　私たちはたくさんの思い込みや錯覚に取り囲まれて暮ら
している. 思い込みや錯覚から自由になることが，学ぶこ
との大切な意義である. 錯覚の典型的な例として次の問題
を考えてみよう.

　問題　2km 離れた地点に，2km より2cm だけ長い
ロープを固定して，ロープの中央を垂直に持ち上げたと
き，このロープの下をキリンは通ることができるだろう
か. ただしキリンの身長(高さ)は4m とする.

　[答]

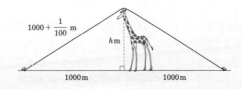

高さを h m とすると，三平方の定理より

$$h^2 = \left(1000+\frac{1}{100}\right)^2 - 1000^2$$

$$= \left(1000+\frac{1}{100}+1000\right) \times \left(1000+\frac{1}{100}-1000\right)$$

$$= \left(2000+\frac{1}{100}\right) \times \frac{1}{100} = 20+\frac{1}{10000}$$

を得る．（計算を簡単にするために因数分解を使ったことに注意.）したがって

$$h^2 > 20$$

から

$$h > \sqrt{20} = 4.4\cdots$$

となって，ロープの中央は 4 m 以上の高さになりキリンはロープをくぐりぬけることができる．

1.6 放射能

ところで，倍々ゲームと逆の働きが自然界には存在する．そのことを説明するために，原子のことを少し説明しておく必要がある．

原子は，陽子と中性子とからなる原子核のまわりを電子がまわっている．太陽のまわりを地球や火星がまわっている太陽系の様子と似ている．太陽が原子核にあたり，地球や火星が電子にあたる．じつは原子の世界では量子力学という物理の理論を使って説明する必要があり，このように

考えることは正しくないことが分かっているが，いまは便宜上こう説明する．太陽系と特に違うことは，原子核の中で陽子は正の電気を持ち，中性子はその名の通り電気的には中性で，電子は負の電気をもち，原子は通常は外から見ると陽子と電子の正負の電気がうち消しあって電気的に中性になっている点と考える．

　原子の大きさ（電子が原子核のまわりをまわっている範囲，ちょうど太陽系の大きさに対応する）は直径が約 10^{-10} m である．一方，原子の中心をなす，原子核の大きさは大体直径が 5×10^{-15} m である．原子核を直径 5 cm＝ 5×10^{-2} m のボールに拡大するためには 10^{13} 倍すればよいが，そのとき原子の直径は約 $10^{-10} \times 10^{13} = 10^3$ m，すなわち 1 km の大きさになる．

　問題　原子核と原子の大きさを太陽系と比較してみよ．また，原子の大きさを地球まで拡大すると原子核はどれくらいの大きさになるか．

　[答]　太陽の半径は 6.96×10^8 m，したがって直径は約 14×10^8 m である．原子核の大きさを太陽の大きさに拡大するためには

$$(14 \times 10^8) \div (5 \times 10^{-15}) = 2.8 \times 10^{23}$$

倍する必要がある．このとき，原子の直径は大体

$$10^{-10} \times 2.8 \times 10^{23} = 2.8 \times 10^{13} \text{ m}$$

になる．半径が約 1.4×10^{13} m＝ 1.4×10^{10} km になる．太陽と 2006 年に準惑星に格下げされた冥王星との距離は最大で大体 7×10^9 km である．したがって，太陽を原子核と

すれば電子は冥王星のはるか外の軌道を動いていると考えられる．このように，原子の内部はすきまだらけである．

また，原子を地球の大きさに拡大するためには，地球の赤道直径が約 12.7×10^6 m であるので全体を
$$(12.7 \times 10^6) \div 10^{-10} = 12.7 \times 10^{16}$$
倍する必要がある．このとき，原子核は直径が
$$(5 \times 10^{-15}) \times (12.7 \times 10^{16}) = 63.5 \times 10 = 635 \text{ m}$$
であることが分かる．

原子には原子番号がつけられていて，これは原子のもつ陽子の個数に等しいことが知られている．原子番号が N の原子は N 個の陽子を原子核に持ち，N 個の電子をもつ．たとえば，水素原子の原子番号は 1 であり，1 個の陽子と 1 個の電子を持っている．原子番号 2 の元素はヘリウムである．炭素原子の原子番号は 6，酸素原子の原子番号は 8 である．

中性子の数に関してはいくつかの可能性があることが知られている．原子のもつ陽子と中性子の個数の和をその原子の質量数という．電子の質量は 9.11×10^{-31} kg，陽子の質量は 1.6726×10^{-27} kg，中性子の質量は 1.6749×10^{-27} kg であり，陽子と中性子はほとんど同じ重さである．電子は陽子や中性子にくらべれば非常に軽いことが分かる．したがって，原子の質量はほとんどが陽子と中性子で占められている．1.67×10^{-27} kg に質量数を掛けたものがその原子の質量にほぼ一致する．

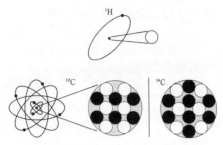

水素原子と炭素原子（『科学の事典』[15]より）

　ところで，通常，水素原子は H，ヘリウム原子は He，酸素原子は O，炭素原子は C などと記号で表現する．水素原子 H の質量数は 1〜3 の場合があることが知られていて，質量数 1 の水素原子を ^{1}H，質量数 2 の水素原子は ^{2}H のように原子を表す記号の左肩に質量数を記して区別する．自然界に存在する水素原子のほとんどは ^{1}H である．水素原子 ^{2}H の原子核は 1 個の陽子と 1 個の中性子からできている．原子核のなかで陽子の個数は一緒で中性子の個数が異なる原子を互いに**同位体**であるという．同位体は化学的な性質は同一である．原子番号 6 の炭素には同位体 ^{12}C と ^{13}C とがあり，天然の炭素は ^{12}C が 98.89％，^{13}C が 1.11％ の混合物である．このほかに，ごくわずかであるが，大気中の窒素に宇宙線がぶつかって生じる炭素 14（^{14}C）が存在する．炭素 14 は不安定な原子であり，次節で述べるように，この事実を使って年代を測定することが可能である．

水の分子模型

　自然界では原子は単独で存在することはなく，いくつか
の原子が結びついて分子になった形で存在している．水素
は自然界では 2 個の水素原子が結びついた水素分子として
存在する．酸素も同様に 2 個の原子が結びついた酸素分子
として空気の中に存在する．水の分子は水素原子 2 個と酸
素原子 1 個が結びついてできている．

　ところで，ふつう原子は安定であるが，ある種の原子で
は原子核が放射線を出して他の原子に変わることがある．
これを原子核の崩壊という．放射線はヘリウム He の原子
核からなる α 線，電子からなる β 線，波長のごく短い電
磁波からなる γ 線の 3 種類があり，α 線を出す崩壊を α 崩
壊とよぶ．β 崩壊，γ 崩壊も同様である．自然界に存在す
る原子の多くは一般には安定で壊れることはないが，特別
な原子，たとえばキュリー夫人が発見したラジウム 226
(^{226}Ra) の原子核は自然に崩壊して 1600 年でポロニウム
210(^{210}Po) に変わり，ポロニウム 210 は自然崩壊して 139
日ではじめの量の半分になってしまう．このように，原子
核が崩壊して最初の半分になるのにかかる時間を半減期と
よぶ．炭素 14(^{14}C) の半減期は 5730 年である．

　原子力発電で必要なウランは原子番号 92 で，自然界には ウラン 235 (^{235}U) とウラン 238 (^{238}U) が存在する．しかも，ほとんどのウランはウラン 238 の形で自然界に存在し（全体の 99.27%），ウラン 235 はわずか 0.72% しかない．この他にごく微量の ^{234}U が存在する．ウラン 238 の半減期は約 45 億年，より正確には 4.468×10^9 年であるが，ウラン 235 の半減期は 7.038×10^8 年，約 7 億年である．したがってウラン 235 も比較的安定した原子であるが，実は中性子がウラン 235 の原子核にあたると簡単に原子核が壊れてしまう（これを**核分裂**という）性質を持っている．

　この現象をはじめて見つけたのはオットー・ハーン（1897-1968）である．1938 年のことであった．ハーンの研究グループはウランに中性子をあてると原子番号 56 のバリウム Ba に化学性質がよく似た原子ができることを見いだした．当時の常識では，中性子をあててできた原子は原子番号の大きな原子であると信じられていて，最初はハーンも化学性質がバリウムによく似たラジウムができたと考えていたが，優れた化学者であったハーンはできたものはバリウムに違いないと確信するに至った．このことを 1938 年末に彼の助手であったリーゼ・マイトナー（1878-1968）に手紙で知らせ，マイトナーはこの現象を理論的に説明することに成功した．ユダヤ人であったマイトナーはナチス政権下のドイツにとどまることができず亡命を余儀なくされていた．1944 年ハーンは核分裂の発見によってノーベル物理学賞をうけたが，マイトナーは受賞すること

ができなかった．女性でありユダヤ人であったマイトナー
の業績は過小評価されているように思われる．マイトナー
の発見からわずか7年後広島と長崎に原子爆弾が投下され
多くの人々が犠牲となった．原爆の原理も簡単な倍々ゲー
ムに基づいている．この点に関しては節をあらためて，東
海村の臨界事故とともに述べることにする．

≪研究課題≫　マイトナーの伝記『核分裂を発見した人』
[16]を読んで，ナチス政権のもとで亡命を余儀なくされな
がら，一方，原爆の開発に参加することを拒否した彼女の
生き方を考えてみよう．ナチスの原爆開発を恐れてルーズ
ベルト大統領に原爆開発の手紙を送ったアインシュタイン
（実際にはシラード，テラー，ウィグナーがアインシュタ
インに手紙を書くことを働きかけた）との違いはどこから
きたのか考えてみよう．（核兵器開発に関する詳しい年表
は http://www.ask.ne.jp/~hankaku/ の中にある．核分裂発
見までの詳しい年表も記され，マイトナーの名前はこの年
表に何度も登場している．）ノーベル賞をもらえなかった
女性科学者については『ノーベル・フラウエン』[18]に詳
しい．

　ところで，ウラン238は中性子が原子核にあたると中性
子の速度が非常に速い場合を除いて中性子を吸収してしま
いウラン239に変わるが，ウラン239は2回引き続いてβ
崩壊を起こしてプルトニウム239(^{239}Pu)に変わる．プルト

ニウム 239 の半減期は 2.412×10^4 年，約 2 万 4 千年である．プルトニウムは天然には存在しない原子で，きわめて毒性が高い．原子力発電を行う際に，大量のプルトニウムが発生することが，原子力発電の問題を難しくしている．プルトニウムも簡単に核分裂を起こすので，これを原子力発電に利用することが考えられるが，技術的に種々の問題があることは，フランスのスーパーフェニックスや我が国のもんじゅの事故で明らかになっている．

　ところで，ある原子の原子核崩壊の半減期が T のとき，$2T$ 後には最初の $\dfrac{1}{4} = 2^{-2}$ 倍に，$3T$ 後には $\dfrac{1}{8} = 2^{-3}$ 倍に減る．nT 後には最初の 2^{-n} 倍に減っている．これをグラフで表してみよう．

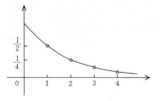

　プロットした点の間をどのようにつなぐかはゾウリムシの項で述べたものと類似の関数 $y = 2^{-x}$ を考えればよい．それには正の実数 x に対して

$$2^{-x} = \frac{1}{2^x}$$

と定義すればよい．ゾウリムシのところで述べたことから

$x = \dfrac{p}{q}$, p, q は正整数, のとき $2^{-\frac{p}{q}}$ は $\dfrac{1}{2^p}$ の正の q 乗根であることが分かる.

これまでは半減期を問題にしたが, より一般的にはその時々の原子の減り方が問題になる. 時刻 t のときの原子の個数を $n(t)$ と記すと, t よりわずかな時間 Δt だけあとの $t+\Delta t$ での原子の個数の減少は

$$n(t+\Delta t) - n(t) = -\lambda n(t)\Delta t \qquad (6)$$

という式で表されることが分かっている. ここで, $n(t+\Delta t) < n(t)$ であるので, 右辺に "−" をつけている. 正の数 λ は原子に固有の決まった数であり, 半減期を使って具体的に書くことができる(下の式(10)を参照のこと). この式は

$$n(t+\Delta t) = (1-\lambda\Delta t)n(t)$$

と書き直すこともできる. これは時間が Δt たつごとに原子の個数がもとの個数の $(1-\lambda\Delta t)$ 倍になることを意味している.

そこで時間 0 から始めて, 時間 t までの原子の個数の変化を見るために時間を M 等分して $\Delta t = \dfrac{t}{M}$(M は大きくとる)とすると原子の個数は $1-\dfrac{\lambda t}{M}$ 倍を M 回繰り返すことになるから

$$n(t) = \left(1 - \frac{\lambda t}{M}\right)^M n(0) \qquad (7)$$

となる．M をどんどん大きくしていったときに(7)の右辺はあるきまった数 $e^{-\lambda t}n(0)$ に近づくことが知られている（1.11 節を参照のこと）．これを数学的には

$$\lim_{M\to\infty}\left(1-\frac{\lambda t}{M}\right)^{M}n(0) = e^{-\lambda t}n(0)$$

と記す．e は自然対数の底と呼ばれる数で，無限和

$$e = 1+1+\frac{1}{2}+\frac{1}{3!}+\cdots+\frac{1}{n!}+\cdots$$

で定義される．最初の 9 項までの和を計算するとこの数の近似値として 2.71828 を得ることができる（1.11 節を参照のこと）．$e^{-\lambda t}$ は 2 の実数ベキと同様で，数 e の $-\lambda t$ 乗である．したがって，式(7)より

$$n(t) = e^{-\lambda t}n(0) \tag{8}$$

が得られることが分かる．今，時間の単位を年として，半減期を t_0 年とすると，式(8)より

$$e^{-\lambda t_0}n(0) = \frac{1}{2}n(0)$$

が成り立つことが分かり，原子に固有の λ は

$$e^{-\lambda t_0} = \frac{1}{2} \tag{9}$$

で求められる．少し先走るが，後に導入する自然対数 $\log_e$（数学以外では記号 ln を使うことが多い）を使うと

$$\lambda = \frac{\log_e 2}{t_0} \tag{10}$$

と書き表すことができる．

1.7　年代測定

　放射性同位元素の半減期の違いを使って年代を測定することができる．よく使われるのが炭素 14(^{14}C)を使った測定とアルゴン 40(^{40}Ar)を使った K-Ar 年代測定法である．炭素 14 の半減期は 5730 年であり，アルゴン 40 の半減期は 12 億 5000 万年である．炭素 14 測定法は比較的新しい年代の測定に，K-Ar 測定法は古い年代の測定に使われる．

　すでに述べたように，きわめて微量ではあるが大気中には ^{14}C が存在する．これは大気中の窒素に宇宙線があたって生じるので，長い間にわたり（極端に大気の組成が変わらない限り）大気中に一定の割合で存在していると考えることができる．植物は炭素同化作用によって大気中の二酸化炭素を吸収して根から吸収した水と太陽エネルギーを使って炭水化物をつくる．二酸化炭素をつくっている炭素は炭水化物をつくるために使われ，植物に残る．二酸化炭素をつくる炭素の大部分は ^{12}C と ^{13}C であるが，きわめて微量ではあるが一定の割合で ^{14}C も含まれている．

　もし植物が枯れて，地中に埋もれて大気との接触がなくなると，^{14}C はそれまでにつくった炭水化物に含まれるだけで，新たには供給されることはない．しかも，^{14}C は半減期 5730 年で崩壊していくのでその量は減っていく．したがって，地中に埋もれた遺跡に残された枯れ木などの植物片が手に入れば，それに含まれる ^{14}C の量を調べることによって，その植物が枯れた大体の年代を知ることができ

る.

　植物が枯れたのが T 年前であり, 最初に炭素 14 が N 個含まれていたとすると, 式(8)より現在の炭素 14 の個数は

$$e^{-\lambda_0 T} N$$

である. ここで

$$\lambda_0 = \frac{\log_e 2}{5730}$$

である. これによって資料の植物中の ^{14}C と ^{12}C との割合を調べて, 現在の大気中での割合を調べれば年代 T が分かることになる. もちろん, 昔と現在とこの割合は変わらないと仮定する. ^{14}C と ^{12}C の個数の比の値が a であるとすると, 資料には最初の段階では $\dfrac{N}{a}$ 個の ^{12}C が含まれていたことになる. 現在の個数との比の値は

$$\frac{e^{-\lambda_0 T} N}{\left(\dfrac{N}{a}\right)} = a e^{-\lambda_0 T}$$

である. この値が測定から分かり, T を求めることができるわけである.

　炭素 14 年代測定法は, 我が国の多くの遺跡の年代決定に使われていて, 3 万年くらい前の遺跡から弥生時代初期の遺跡まで調べられている. 得られた結果はたとえば『理科年表』[9]で調べることができる.

≪研究課題≫ 放射性同位元素を使う年代測定法の他に,我が国では檜や杉の年輪を使った年代測定法(年輪年代法)が使われ,正確な年を判定することができるようになった.これは,年ごとの気候によって木の成長の仕方が変わり,年輪のパターンを詳しく調べることによって年代が分かるようになったのである.今日では約3000年前まで調べることが可能である.年輪による年代測定法がどのように有効であるかを調べてみよう.「年輪年代学」nabunken.go.jp/org/maibun/dating.html

　科学の進歩によって考古学の分野でも出土品の研究が詳しくできるようになってきている.金属も原料の産出地によって微量元素の割合や同位体の割合が違っている.これをもとに金属の原産地をある程度特定することが可能になっている.これも原子物理学の進歩のおかげである.近年土地開発で多くの遺跡が発掘されマスコミをにぎわしているが,多くの遺跡は調査が終わったあとは破壊されている.これからの科学・技術の進歩によって,新しい方法で研究が可能になることもあるので,喜んでばかりはいられない.時には後世に研究をゆだねるだけの強い意志が必要である.たとえば考古学の分野でいえば,石上神宮に伝えられている七枝刀の銘文を解読するために,磨いて錆を落とした結果,象眼がとれて判読不能になってしまった文字がある.今日まで,最初の状態で残されていたらエックス線を使って詳しく解読することが可能であったかもしれ

ない.

　このことは, 現今の科学・技術そのものに対していえる
ことである. 現在可能なことをすべて実行してよいのか,
もっと真剣に考える必要がある. 環境ホルモンの脅威につ
いて, 私たちの知識は限られたものであり, 正確な知識を
得るためには, ゆっくり進歩する勇気を持つことが大切な
ことを示している. 化学物質の人体に与える影響はやっと
分かり始めたばかりである. 影響を与える量が1兆分の1
グラムというきわめて微量であることに注意しておく必要
がある. 人工放射能の人体への影響についての研究は私た
ちは高々70年の歴史しか持っていない. 将来に大きな影
響を与えるかもしれないことについては, 私たちはもっと
謙虚である必要がある.

1.8　東海村の臨界事故

　すでに1.6節で述べたように, 自然界に存在する原子は
ほとんどが安定である. しかし, ウラン235のように中性
子がぶつかると原子核が壊れて別の原子に変わり, 核分裂
が起こることがある. ウラン235の核分裂では平均2.5個
の中性子が飛び出すことが知られている. このとき, 飛び
出した中性子はほとんどがまわりの原子にぶつからずに遠
くへ飛んで行くが, たまには他の原子核にぶつかり, 原子
核に取り込まれてしまって新しい原子になる場合(ウラン
238の原子核に中性子が吸収されるとウラン239に変わ
り, やがてβ崩壊を2回起こしてプルトニウム239に変わ

る）と，再びウラン 235 にぶつかって核分裂を起こす場合
とがある．核分裂を起こす中性子の数が外に逃げ出す中性
子や，他の原子核に捕まってしまう中性子の数より少なけ
れば，やがて核分裂は起こらなくなってしまう．

　核分裂を起こす中性子の数が他の中性子の数と一致する
とき，中性子は減りもせず増えもしない．このような状態
を臨界という．臨界には二通りあって，核爆弾のように，
1 秒よりはるかに短い時間に核分裂反応が倍々ゲーム式に
増えて起こる触発臨界と，ゆっくりと反応が進行する，原
子炉で起こっているような遅発臨界とがある．TNT 火薬
100 kt（キロトン）のエネルギーを出すためには約 $1.45\times$
10^{25} 個のウラン 235 が核分裂する必要がある．1 個の中性
子の衝突から始まる核分裂が連鎖的に起これば，十分な量
のウラン 235 があれば大体 58 回の衝突を繰り返すことで
TNT 火薬 100 kt のエネルギーが放出される．しかも，爆
発のエネルギーの 99.9％は最後の 7 回にわたる衝突で出さ
れる．時間的には 0.07×10^{-6} 秒で 7 回の衝突が起こるこ
とが分かっている．倍々ゲームの恐ろしさがこれからも分
かるであろう．

　ところで，中性子の一つがウラン 235 にぶつかって核分
裂が始まると，核分裂が継続するためには，ある量以上の
ウラン 235 が集まっている必要がある．この量を臨界量と
いう．臨界量はウランのおかれた状態によって変わってく
る．臨界量は，飛び出す中性子の速度を遅くしたり，外に
飛び出した中性子が何かに反射して戻ってくるような状態

になるとさらに小さくなる．原子力発電をおこなう原子炉
では中性子の速度を落とし，さらに発生した中性子の数を
ホウ素などに吸収させてコントロールすることによって臨
界状態を保っている．東海村の臨界事故のときは，ウラン
が入っていた沈殿槽の外側を中性子を反射しやすい水が取
り囲んでいたために，中性子は反射を繰り返してウラン
235と衝突する確率が高くなっていた．

　さて，東海村の核燃料加工会社 JCO で起こった臨界事
故に関してはすでにたくさんの本が出されている．事態の
詳細な記録は，たとえば[19]にある．

　この事故から，どのような教訓を引き出すかは総合学習
のよい題材である．しかし，我が国の原子力政策のみなら
ず，全世界の原子力産業との関連で事故を分析するには，
たくさんの基礎作業が必要とされる．立場が違うと同じ事
故がどのように見えるのか，原子力にいまだに幻想を持つ
読売新聞編集部による[19]と，我が国の原子力政策の問題
点を指摘し，原子力の危険性を指摘し続けてきた原子力資
料情報室による[20]，さらには事故直後に出された科学技
術庁による「JCO ウラン加工施設での臨界事故情報」
(http://www.nsc.go.jp/anzen/sonota/jco/kaigi/jco02/ から
jco11/ に事故に関する資料の一部がある．臨界事故調査委
員会の報告(案)は "jco11" にある)とを読み較べて見られ
ることをお勧めする．

　東海村の臨界事故は，高濃度のウラン燃料を作成する過
程で発生した．八酸化三ウラン U_3O_8 粉末をバケツに入れ

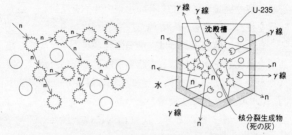

核分裂の連鎖反応（n は中性子，『恐怖の臨界事故』[20] より）

て硝酸を加えて溶かしたものを，ビーカーと漏斗を使って
手作業で沈殿槽に入れ，溶液を均等に混ぜ合わせる作業を
していたとき，青い光が発生し，その後 20 時間も臨界状
態が続き，大量の中性子がまわりに放出された．（ちなみ
に，青い光は実際に出たのではなく，作業をしていた人た
ちの水晶体で起こったチェレンコフ光である．水やガラス
などの透明な媒質中をきわめて高速な荷電粒子が通過する
際に光を発する現象はチェレンコフ効果と呼ばれ，この光
はチェレンコフ光と呼ばれる．神岡のニュートリノ検出装
置スーパーカミオカンデはチェレンコフ効果を使って
ニュートリノを検出する装置である．）

　JCO の事故では，通常より高濃度のウラン燃料を作る
ために 18.8 ％に濃縮されたウラン溶液が大量に沈殿槽に入
れられたことによって臨界が起こった．臨界が起こったと
き沈殿槽に入れられていたウランは約 16 kg，そのうちの
ウラン 235 の量は約 3 kg に達していた．沈殿槽はまわり

を水で取り囲まれていて，その水が中性子を反射し，臨界
状態を維持する働きをしていた．

　これまでの臨界事故では，触発臨界が起こり，臨界を起
こした核物質を吹き飛ばして臨界が終了していたが，今回
はウラン溶液が沈殿槽にとどまり続け臨界が長時間続い
た．この臨界状態は沈殿槽のまわりの水を抜くことによっ
て収束したが，そのとき，沈殿槽内には依然として約3
kg のウラン 235 が残されており，水を抜いただけで臨界
が収束するとは誰も 100%の確信をもっていなかった．水
抜きを立案した原研東海研副所長の田中俊一氏の計算によ
れば中性子の増加していく割合が，まわりに水がある場合
は 1.0442 倍，水を抜いた場合は 1.0008 倍で，水を抜いた
場合にもわずかではあるが中性子が増加する可能性が残っ
ていた．彼は，水抜きをして臨界を収束させる自信は
90%あったそうである（[19] p. 102）．何とも奇妙な自信
である．ところで，この臨界事故で核分裂を起こしたウラ
ン 235 の量は約 1 ミリグラムであったと計算されている
（[20]）．

　ホウ酸水を沈殿槽に入れ，中性子を吸収して臨界を収束
させることがいちばん確実な方法であったが，放射線レベ
ルが高すぎて，すぐには実行不可能な状態であった．しか
し，水抜きを行うことも大量の中性子を被曝する危険があ
り，水抜きのための決死隊を必要とした．JCO が事故を
起こしたのだからと JCO の所員が決死隊に選ばれ水抜き
を行い，臨界状態は解消した．かつてハイテク産業の華と

謳われた原子力の事故で，決死隊を作ってローテクでしか
対応できない事態こそ，原子力政策の根本に関わる問題で
ある．この過程で，決死隊に選ばれた人たちは大量の被曝
を強いられた．被曝許容量以下であっても，放射線被曝は
できるだけ避けるべきことである．多量の中性子が沈殿槽
から外へ出ていたが，じつは中性子を完全に遮蔽すること
は難しい．それでも，もう少し慎重な配慮のもとに，水抜
きに関わった人たちの被曝量を少なくする工夫が必要で
あったと，原子力資料情報室は指摘している（[20]）．

　次のグラフは 1999 年 9 月 30 日 20 時 45 分頃の JCO 付
近の中性子とガンマ線の強さを表すグラフである．[20] の
p. 21 より転載した．線量当量率（単位 μSv/h，マイクロ
シーベルト/時間）については章を代えて説明したい．この
グラフの縦軸の目盛りの間隔は通常のグラフと違っている
ことに注意しよう．

　私が，学生の頃，「人道的な兵器」として中性子爆弾の
構想があった．原爆のように大量の熱を発生させずに，そ
のかわり中性子線を大量に発生させて，生物だけを殺し，
街は破壊しないので「人道的」な兵器であるとの説明を聞
いて愕然とした覚えがある．東海村の臨界事故は，見事な
中性子爆弾であったこと，そして，この中性子爆弾がバケ
ツと水で囲まれた容器を使って簡単に作り出せることを示
した点でも驚くべき事故であった．このことに，なぜかマ
スコミは沈黙を守ったが，もしかすると事の重大さをマス
コミ関係者が理解していなかったせいかもしれない．

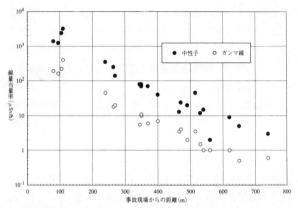

1999 年 9 月 30 日 20 時 45 分頃の JCO 周辺の線量当量率測定結果(『恐怖の臨界事故』[20]より)

　また, 臨界が続いているときに, 付近の住民の一部は避難勧告が出され避難をしたが, それが遅すぎたこと(誰も臨界が起こっていることが分からなかった. しかし, JCOの職員はすでに避難していた), また多くの住民は外出を控えるように指示が出されたが, 中性子線が大量に放射されていたのでできるだけ遠くへの避難を勧告すべきであった. ここでも, 我が国の原子力の安全対策がきわめて不十分であることが暴露された.
　ところで, 事故を収束させるために大量の被爆者が出たことは, チェルノブイリ原発事故のときも同様であり, もっと悲惨な状況であった. 大量の兵士がかり出され, そ

の兵士の多くが亡くなるか放射線障害の後遺症に苦しんで
いると伝えられている. ところが, チェルノブイリ原発事
故での死亡者は IAEA (国際原子力機構) の発表では旧ソ連
邦の発表と同様に 31 人でしかなく, 周囲の住民への影響
もほとんどないとされている. しかし, 事故で飛び散った
放射能でたくさんの人が被害を受け, いまだにその苦しみ
は終わっていない ([21], [22]). チェルノブイリの事故と
その後に関しては日本チェルノブイリ連帯基金 (http://
www.jca.apc.org/jcf/home.html) にリンク集があり, そこに
関連サイトへのリンク先が記されている.

　東海村の臨界事故では大量の中性子線を浴びて 2 人の死
者がでた. 中性子によって細胞が破壊され, 表皮が火傷に
似た状態になったと言われている. 通常の火傷と違って,
腸などの表面も損傷を受け, 苦しみはひどかったのではと
思われる. この 2 人の犠牲を無駄にしないためには, 事故
の原因を根本から調査し, このような事故が起こらない体
制をつくる必要がある. それだけでなく, 事故は想定外の
ことから起こるという事実を忘れずに, 事故が起こったと
きの対策も詳細に作っておく必要がある. このことが従来
からきちんとできないことが, 私たち日本人の弱点のよう
に思われてならない. 事故の対策をきちんと立てておくこ
とや, 事故の模擬訓練をすることは不安を与えるからとほ
とんど行われない. 私たちは, 数値的に把握するよりも,
安心や, 不安といった感覚的なレベルで物事を把握し処理
することが多い. これでは, 現在の科学・技術文明に対処

することは難しいであろう．この事故は，単に現場の非常
識なミスであるとして処理されてしまったが，それだけで
は，また大事故を招きかねない．さらに 2002 年 8 月には
日本の原子力発電所の多くで，炉心シュラドにひび割れが
あったにもかかわらず検査データを隠して長期間虚偽の報
告をしていたことが明らかになった．このことは 3 章で改
めて取り上げることにする．

　じつは，原子力の研究は今こそ有能な人材を必要として
いるのである．安全だと強弁するのではなく，どこに危険
があり，その危険を少しでも軽減するにはどのようにすべ
きなのかを訴え，また放射性廃棄物という負の遺産を少し
でも軽減する努力をしていく必要がある．原子力発電の問
題は核兵器の問題と並んで，これからの地球環境問題のな
かで最優先的に解決しなければならない重要な問題であ
り，この問題に正面から取り組むたくさんの人材が求めら
れている．

≪研究課題≫　絶対事故を起こさない自動車の存在は誰も
信じないのに原子力発電は絶対安全であるという神話を多
くの人が信じたのはなぜであろうか．事故が起こる確率が
低いことと，事故が絶対に起きないこととは別のことであ
る．これらが，なぜ混同されるのかを考えてみよう．ま
た，安全であるということはどのようなことをいうのかを
皆で考えてみよう．

　たとえば，次の二つはどこが違うのであろうか．

　「危険であることが確認されていないから禁止すること
はできない.」

　「安全であることが確認されていないから許可すること
はできない.」

　2011年3月11日に発生した東日本大震災に伴う津波の
影響で東電福島第一原発で深刻な原子力事故が発生した.
この事故にも過去の原子力事故の教訓は生かされず,今な
お避難を余儀なくされている人達がいるにも関わらず事故
そのものも風化しようとしている.『福島第一原発事故の
「真実」』[34],『福島原発事故10年検証委員会 民間事故最
終報告書』[35]とそこに記されている文献をもとに,原発
事故の真相とそこから得られる教訓について真剣に考える
必要がある.

1.9 ピュタゴラスと和音

　ピュタゴラスは古代ギリシアで学問としての数学が誕生
するのに重要な役割をはたしたと伝えられるが,伝説に彩
られて確かなことはほとんど分かっていない([23]).ピュ
タゴラスにまつわる伝説は多いが,和音の原理を見いだし
た最初の人もピュタゴラスに擬せられている.実際には和
音の原理は古代バビロニアやエジプトで見いだされていた
ようであり,ピュタゴラスもそうした理論を学んだのかも
しれない.ボェティウス(480年?–524年?)の著書『音楽
教程』のなかでピュタゴラスが鍛冶屋の前を通りかかっ
て,鍛冶屋がハンマーをうち下ろす際に出る音が重さに

よって協和したり協和しなかったりするのに気づき, ハン
マーの重さの比から協和する音に比例関係があることを発
見したと伝えている. (この話は『ギリシア数学のあけぼ
の』[24]の第5章に紹介されている.) ハンマーの重さは音
程に関係しないのでこの話はあくまでも伝説であるが, は
るか昔から協和する音程に関してはきれいな比例関係があ
ることが知られていたようである. これらについては, 詳
しくは『響きの考古学』[25]を見ていただきたい.

音は空気の振動であり, 音の高さは1秒間に何回振動す
るかによって記述される. 1秒間に1回振動することを1
Hz(ヘルツ)という. したがって440 Hzの音というのは1
秒間に440回振動する音である. これは, ラ(A)の音に対
応し, NHKのラジオの時報はこの440 Hzの音とそれよ
り1オクターブ高い880 Hzの音である. 通常この440 Hz
の音が楽器の音程を合わせるときの基礎になっている. た
だし, 現在ではこれより少し高めの442 Hzやときには
443 Hzが基準音としてとられることが多い. 歴史的に見
ると基準音は次第に高くとられるようになってきている.

ボェティウスの伝えるところでは, ピュタゴラスは鍛冶
屋から帰ると一弦琴を使って自分の発見を確かめたとい
う. 与えられた弦と長さが半分の弦とを弾いたときに出る
音はきれいに協和する. 長さが半分の弦が出す音はもとの
弦の出す音のちょうど1オクターブ上の音である. 弦の長
さと振動数をかけたものは一定であるので, 下の弦を弾い
たときに L Hzの振動数の音であれば, 長さが半分の弦を

弾いたときに出る音は $2L$ Hz の音である．（正確には，弦の張力を一定に保っておく必要がある．弦の張力を変えると音の高さは変わってくる．）

たとえば，440 Hz の 1 オクターブ上の音は $440×2 = 880$ Hz の振動数をもつ音である．2 オクターブ上の音は $880+440 = 1320$ Hz の振動数をもつ音ではなくて，$880×2 = 440×4 = 1760$ Hz の音であることに注意する．一般に振動数が L Hz の音の n オクターブ上の音は振動数が $L×2^n = 2^n L$ Hz の音である．このように，オクターブ音の高さは加法的ではなく乗法的に振動数が増えていくことに注意する．ここでも，倍々ゲームの原理が働いている．

さて，ピュタゴラスが見いだした（実際はさらに昔から知られていた事実ではある）のは，弦の長さを $\dfrac{2}{3}$ にしたときに弾いて出る音ともとの弦を弾いて出る音が協和する（今日の言葉では，純正 5 度の音程である）ことを見いだした．振動数で言えば L Hz の音と $\dfrac{3L}{2}$ Hz の音は純正 5 度の関係にあり協和する．ヴァイオリンなどの弦楽器の弦の間が 5 度の音程になっているのはこのことに基づいている．

純正 5 度を使って音階を作ることができる．まず最初の音を決める．これをたとえばド(C)の音としよう．振動数を L Hz とする．この音の $\dfrac{3}{2}$ 倍の振動数 $\dfrac{3L}{2}$ Hz をもつ音

をソ(G)とする. 次にこのソの音の$\dfrac{3}{2}$倍の振動数$\dfrac{9L}{4}$Hz
をもつ音の1オクターブ下の音, したがって振動数が
$\dfrac{9L}{4}\times\dfrac{1}{2}=\dfrac{9L}{8}$Hz の音をレ(D)とする. 次にレの音の振
動数の$\dfrac{3}{2}$倍の$\dfrac{27L}{16}$Hz の音をラ(A)とする. 以下, $\dfrac{3}{2}$倍
と1オクターブ下げる操作を繰り返すことによって12個
の音

$$C\text{-}G\text{-}D\text{-}A\text{-}E\text{-}B\text{-}F^{\#}\text{-}C^{\#}\text{-}G^{\#}\text{-}D^{\#}\text{-}A^{\#}\text{-}F\text{-}C$$

ができ, 5音による音階, ペンタトニックができる. これ
は古代の多くの民族で使われた音階である.

　一方, ピュタゴラスは弦の長さを12等分し, 12, 9, 8, 6
の数字を組み合わせることによって今日ピュタゴラス音律
と呼ばれる音階を作ったと伝えられている. 実際はメタポ
ンティオンのヒッパソスによってピュタゴラス音律が作ら
れたことが現在では確かめられている ([25] p. 105, p.
130). ド(C)の音を基準にして振動数の倍率を使ってピュ
タゴラス音律による音階を表すと次のようになる.

C	D	E	F	G	A	B	C
1	$\dfrac{9}{8}$	$\dfrac{81}{64}$	$\dfrac{4}{3}$	$\dfrac{3}{2}$	$\dfrac{27}{16}$	$\dfrac{243}{128}$	2

　このピュタゴラス音律では純正4度と純正5度が含まれ
ていてよく協和するが, CとEの3度の音は完全には協
和しない. 協和する純正3度は$\dfrac{5}{4}$倍の振動数でなければ

ならないが，ピュタゴラス音律では $\dfrac{81}{64} = 1.2656\cdots$ で

$\dfrac{5}{4} = 1.25$ とずれているからである．ピュタゴラス音律は
グレゴリオ聖歌に使われているが，これは単旋律であるの
でこのずれは障害とはなっておらず，またポリフォニーの
音楽でも純正4度と純正5度の和音が有効に利用された．

一方，純正3度を含みよく協和する音程をもつ純正調音
階はスペインのバルイトロメー・ラモス(1440年頃-91年
頃)によって提唱され，ヨーロッパに次第に拡まって行っ
た．純正調音階の振動数の倍率は次のようになっている．
弦の長さでは，ド(C)の音を1とすると各音の下の数字の
逆数の長さになる．

C	D	E	F	G	A	B	C
1	$\dfrac{9}{8}$	$\dfrac{5}{4}$	$\dfrac{4}{3}$	$\dfrac{3}{2}$	$\dfrac{5}{3}$	$\dfrac{15}{8}$	2

ところで，私たちはピアノの音になれている．ピアノだ
けでなく，通常の楽器で使われている平均律による音階は
1オクターブを12等分している．(弦の長さでは12等分
になるが，振動数では，乗法的に12等分する，すなわち
12乗根のベキをとる必要があることに注意する．)　1オク
ターブには7個の白鍵と5個の黒鍵があり，半音ずつ12
回上がっていくと1オクターブになっている．

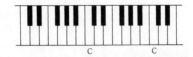

　平均律では5度(ドとソの間)は7半音になっている．ピアノでは7半音ずつ(すなわち5度ずつ)12回上がると7オクターブになる．7オクターブは12×7個の半音からなっているので当然である．

　ところで，ピュタゴラスが見つけたように7オクターブ上の音は基点となる音を L Hz とすると $2^7 L$ Hz の音になる．他方，純正5度を12回繰り返してできる音は $\left(\dfrac{3}{2}\right)^{12} L$ Hz の音である．このとき

$$2^7 = 128,$$

$$\left(\frac{3}{2}\right)^{12} = \frac{531441}{4096} = 129.7463\cdots$$

が成り立つ．この両者は一致しない．そのために平均律では純正5度の和音を犠牲にする必要がある．すなわち純正5度は本来は $\dfrac{3}{2}$ 倍の振動数の音であったものを q 倍の振動数の音に変える．ただし

$$q^{12} = 2^7 = 128$$

となるように q を決める．$q = 1.4983070\cdots$ となり，ほぼ $\dfrac{3}{2} = 1.5$ であることがわかる．しかし，q は1.5とは違う

	C	D	E	F
ピュタゴラス	260.7407	293.333	330	347.6543
純正調	264	297	330	352
平均律	261.6256	293.6648	329.6276	349.2282

	G	A	B	C
	391.1111	440	495	521.485
	396	440	495	528
	391.9954	440	493.8833	523.2511

ピアノの平均律（[26] より）

のでこの 5 度の音程は完全には協和しない. それにもかか
わらず, 平均律が使われるのは, 転調が容易にできるから
である.

ラ (A) の音を 440 Hz としたときのピュタゴラス, 純正
調, 平均律の各音の振動数を記すと次の表のようになる.

平均律では J. S. バッハの「平均律ピアノ曲集」(Das
wohltemperierte Klavier, The well-tempered clavier) が有
名であるが, じつはバッハは平均律ではなくピュタゴラス
音律と純正調音律を案配したヴェルクマイスター (1645-
1706 年) による音律を使ったのではと言われている ([25]
pp. 104-109).

問題　具体的な計算によって図表に示されたピュタゴラ
ス・純正調・平均律の音階の値を求めよ.

問題　前節の JCO 事故で示したグラフの縦軸の目盛り
の取り方を参考にして, ピアノの平均律のグラフを描き直
せ.

[答]　$220 \cdot 2^{-3} = 27.5,\ 220 \cdot 2^{-2} = 55,\ 220 \cdot 2^{-1} = 110,$
$220,\ 220 \cdot 2 = 440,\ \cdots$ を等間隔に取ることによって次の
ようなグラフを描くことができる.

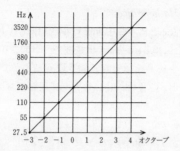

≪研究課題≫　もし細かい音程を出すことができるディジタルシンセサイザーがあれば，純正5度と平均律の完全5度の違いが聞き分けられるかどうかを試してみよう．MIDIが使えなくても，ホームページ「MIDIによる調律法聴きくらべのページ」（http://murashin.sakura.ne.jp/）の中の「和声できききくらべ」で，コンピュータの音源を使ってさまざまな調律の音階や和音を聞くことができる．さらに同じホームページの中の「きききくらべガイド」ではよく知られた曲をいくつかの調律で聞くことができる．また，正弦波であれば数式処理ソフト *Mathematica* を使って音を出すこともできる．

≪研究課題≫　きわめて近い高さの音を同時に出すと唸りが生じる．二つの音の高さが近くなればなるほど唸りの間隔が長くなる．この原理は弦楽器の調弦に利用されている．音叉と弦楽器を使って調弦を試してみよう．また，シンセサイザーや *Mathematica* を使って唸りの現象を調べ

てみよう. *Mathematica* で

Play[{Sin[2 Pi 440 t],Sin[2 Pi 440.1 t]},{t, 0, 10}]

は 440 Hz と 440.1 Hz の音（正弦波）を同時に 10 秒間なら
す. このとき唸りをはっきり聞き取ることができる. 440
Hz と 440.1 Hz の音（正弦波）を別々に聞いても区別するこ
とは難しい.

なぜ, 唸りがでるのか三角関数のグラフ

$$y = \sin 880\pi t, \quad y = \sin 880.2\pi t,$$
$$y = \sin 880\pi t + \sin 880.2\pi t$$

を書いて調べてみよう.

≪研究課題≫ 民族音楽でどのような音律に基づく音階が
使われているかを調べてみよう.（『響きの考古学』[25]に
歴史的な観点から多くのことが記されている. 実際に耳で
聞いてこれらの音律と音階の違いを確かめよう.）

≪研究課題≫ 『呂氏春秋』には古代中国の音階の作り方が
記されている.『呂氏春秋』[27]を読んで, このことを調べ
てみよう.『響きの考古学』[25]の第 2 章に比較的詳しい解
説がある. この本によれば, 五声と五行説とは関係がある
という. 12 や 5 は中国では重要な数であった. これらの
数に関係する十二支, 十干を調べ, それがどのように我が
国で使われているかを調べてみよう.

≪研究課題≫ 『響きの考古学』[25]の巻末に平均律以外の
音階で演奏された CD のリストがあげられている. そのい
くつかを聞いてみて, 平均律との違いを調べてみよう.

1.10　二項定理

1.6 節の式 (7) で $\left(1+\dfrac{a}{n}\right)^n$ の形の式が現れた．類似の式は銀行や郵便局の預金の利子の計算にも現れる．いま，年利 b% で銀行に A 円預けたとすると 1 年後には $A\left(1+\dfrac{b}{100}\right)$ 円になる．以下の計算を簡単にするために

$$a=\frac{b}{100}$$

とおく．そのまま預けると 2 年後には $A(1+a)^2$ になる．

このように，預けたお金とその利子を加えたものに利率を適用して計算することを複利計算という．もし，半年ごとに $\dfrac{b}{2}$% の利率で複利計算をすると，1 年後には $A\left(1+\dfrac{a}{2}\right)^2$ 円を受け取ることになる．もし，4 か月ごとに $\dfrac{b}{3}$% の利率で複利計算をすれば，1 年後には $A\left(1+\dfrac{a}{3}\right)^3$ 円になる．以下，利率を計算する期間を $\dfrac{1}{n}$ 年毎にし，その間の利率を $\dfrac{b}{n}$% にすると，A 円預けて 1 年後に受け取る金額は $A\left(1+\dfrac{a}{n}\right)^n$ 円になる．これは式 (7) と同じ形をし

ている.

　それでは n をどんどん大きくしていったらどうなるか
を考えてみよう. 受け取るお金は1年後にはどんどん多く
なるであろうか，それともある額以上にはならないであろ
うか. そのためには

$$\left(1+\frac{a}{n}\right)^n$$

が n がどんどん大きくなるときどのようになるかを調べ
る必要がある. 準備として，まず

$$(x+y)^n$$

の展開式を調べてみよう. $n = 1, 2, 3$ のときは直接の計算
から

$$x+y = x+y$$
$$(x+y)^2 = x^2+2xy+y^2$$
$$(x+y)^3 = x^3+3x^2y+3xy^2+y^3$$

となることが分かる. ついでに $(x+y)^0 = 1$ も考えた方が
よい. そこで，係数を次のように並べてみよう.

$$n = 0 \qquad\qquad 1$$
$$n = 1 \qquad\qquad 1 \quad 1$$
$$n = 2 \qquad\quad 1 \quad 2 \quad 1$$
$$n = 3 \qquad 1 \quad 3 \quad 3 \quad 1$$

これを見て何か気がつくことがあろうか. 次のように考え
られる.

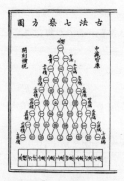 

朱世傑著『四元玉鑑』, 1303 年　　Petrus Apianus 著『算術』, 1527 年

$$
\begin{array}{cc}
n=0 & 1 \\
n=1 & 1\quad 1 \\
n=2 & 1\quad 2\quad 1 \\
n=3 & 1\quad 3\quad 3\quad 1
\end{array}
$$

右端と左端には 1 をおき, それ以外の数は, 上の段の二つ
の数の和として得られる. これから, $n=4$ のときは係数
が

$$1, 4, 6, 4, 1$$

と並ぶことが予想される. すなわち

$$(x+y)^4 = x^4 + 4x^3y + 6x^2y^2 + 4xy^3 + y^4$$

となるであろう. このことは

$$
\begin{aligned}
(x+y)^4 &= (x+y)^3 \times (x+y) \\
&= (x^3 + 3x^2y + 3xy^2 + y^3)(x+y) \\
&= x^4 + 3x^3y + 3x^2y^2 + xy^3 + x^3y + 3x^2y^2 + 3xy^3 + y^4
\end{aligned}
$$

$$= x^4 + 4x^3y + 6x^2y^2 + 4xy^3 + y^4$$

と直接計算によって示すことができる. この計算はさらに
一般化できて

$$(x+y)^n = x^n + {}_nC_1 x^{n-1}y + {}_nC_2 x^{n-2}y^2 + \cdots$$
$$+ {}_nC_m x^{n-m}y^m + \cdots + {}_nC_{n-1} xy^{n-1} + y^n$$

であることが分かる. この等式が成り立つ事実を**二項定理**
という. ここで

$${}_nC_m = \frac{n!}{m!(n-m)!} = \frac{n(n-1)\cdots(n-m+1)}{1\cdot2\cdots m}$$

であり, 二項係数という. ただし,

$$k! = 1\cdot2\cdot3\cdots(k-1)\cdot k$$

であり,

$$0! = 1$$

と約束する. 二項係数 ${}_nC_m$ は $\binom{n}{m}$ と書かれることも多く,
n 個のものから m 個取り出すときの取り出し方の総数と
考えることもできる. これは

$$(x+y)^n = \underbrace{(x+y)(x+y)\cdots(x+y)}_{n}$$

と書いて右辺の積を計算すると, $x^{n-m}y^m$ の係数は n 個あ
る $(x+y)$ の項のうち y を m 個選び出す仕方の総数に対応
するからである.

この二項定理は最初中国で発見され, それがアラビアに
伝わり, そこからヨーロッパに伝わったようである. 上記
の三角形はパスカルの三角形とよく言われるが, 中国では

13, 14 世紀の数学書に現れている．また，ヨーロッパでもパスカル以前の本の表紙にすでに現れている．

　次の問題は原田雅名氏の示唆による．好景気は永遠には続かないことを意味していると解釈することができよう．

　問題　国内総生産 (GDP) 100 兆円の国が年 5% の経済成長を 50 年続けると国内総生産はいくらになるか．さらに経済成長が 100 年続くと国内総生産はいくらになるか．

　[答] $\left(1+\dfrac{5}{100}\right)^{100}$ の計算をする必要がある．この計算は次節の対数の考え方を使うか，電卓を用いる必要がある．結果を記すと

$$\left(1+\frac{5}{100}\right)^{50} = 11.46739\cdots$$

$$\left(1+\frac{5}{100}\right)^{100} = 131.5012\cdots$$

これから，50 年後にはほぼ 1147 兆円，100 年後には 1 京 3150 兆円となる．

1.11　指数と対数

　さて，ここではまず

$$\left(1+\frac{a}{n}\right)^{n}$$

の n が大きくなっていくときの挙動を調べてみよう．二項定理により

$$\left(1+\frac{a}{n}\right)^n = 1+a+\frac{1}{2}\left(1-\frac{1}{n}\right)a^2+\cdots$$

$$+\frac{1}{m!}\left(1-\frac{1}{n}\right)\left(1-\frac{2}{n}\right)\cdots\left(1-\frac{m-1}{n}\right)a^m+\cdots$$

となる. したがって, n をどんどん大きくしていくと最後に

$$1+a+\frac{1}{2}a^2+\frac{1}{3!}a^3+\cdots+\frac{1}{m!}a^m+\cdots$$

となることが予想される. 特に $a=1$ の場合を考え

$$1+1+\frac{1}{2}+\frac{1}{3!}+\cdots+\frac{1}{m!}+\cdots$$

を計算してみよう.

$$e_k = 1+1+\frac{1}{2}+\frac{1}{3!}+\cdots+\frac{1}{k!}$$

とおくと,

$$e_2 = 2.5, \quad e_3 = 2.6666\cdots, \quad e_4 = 2.7083\cdots, \quad \cdots$$

となり, k が大きくなっていくと数

$$e = 2.7182818284590\cdots$$

に近づいていくことが示される. この数 e を自然対数の底とよぶことは 1.6 節で述べた.

さて, 任意の実数 x に対して

$$E(x) = 1+x+\frac{1}{2}x^2+\frac{1}{3!}x^3+\cdots+\frac{1}{m!}x^m+\cdots \quad (11)$$

とおくと,

$$E(x+y) = E(x)\cdot E(y)$$

が成り立つことが二項定理を使った形式的な計算で証明で
きる. これより,

$$E(nx) = E(x)^n, \quad n = 1, 2, 3, \cdots \qquad (12)$$

であることが分かる. $E(1) = e$ であるので, とくに正整
数 n に対して $E(n) = e^n$ であることが分かる. さらに
$E(0) = 1$ より

$$E(-x)E(x) = E(x-x) = E(0) = 1$$

が成り立つので,

$$E(-x) = \frac{1}{E(x)} = E(x)^{-1}$$

であることが分かる. (11) より $a > 0$ のとき $E(a) > 0$ で
あるので, すべての実数に対して $E(x) > 0$ であることが
分かる.

また (12) より

$$E\left(\frac{a}{n}\right)^n = E(a)$$

であるので $E\left(\dfrac{a}{n}\right)$ は $E(a)$ の n 乗根 $E(a)^{\frac{1}{n}}$ であることが

分かる. このことより, 有理数 $\dfrac{p}{q}$ に対して

$$E\left(\frac{p}{q}\right) = (E(1)^{\frac{1}{q}})^p = e^{\frac{p}{q}}$$

が成り立つことが分かる. このことから, 無理数 a に対し
ても $E(a) = e^a$ は数 e の a 乗であることが分かる. 正確
に言えば, a に近づく有理数の列 $\left\{\dfrac{p_n}{q_n}\right\}$ をどのように選ん

でも $E\left(\dfrac{p_n}{q_n}\right) = e^{\frac{p_n}{q_n}}$ はある決まった数 $E(a) = e^a$ に近づく

ことが証明される. この決まった数を e の a 乗と定義する
のである.

　関数 $y = e^x$ のグラフは大体次のようになる.

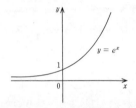

　このグラフから分かるように x が大きくなると e^x は急
激に大きくなる.

　以上の議論によって前節の最初の問題も解けたことにな
る. すなわち, 利息を計算する期間を短くしていっても複
利計算で1年後には Ae^a 円しかもらうことができないこ
とが分かった. (正確には

$$\left(1+\frac{a}{n}\right)^n < \left(1+\frac{a}{n+1}\right)^{n+1}$$

をいう必要があるが, あまりに数学的になりすぎるので略
する.)

　これまでは, 特別の数 e をもとにして e^x を考えたが,
どの正の数 $a \neq 1$ をもとにしても a^x を考えることができ
る. ($a = 1$ のときは常に $a = 1$ である.) $p, q > 0$ が整数
のとき $a^{\frac{p}{q}}$ は a の q 乗根の p 乗と定義する. 無理数 x に対

しては x に近づく有理数の列 $\dfrac{p_n}{q_n}$ をとって $a^{\frac{p_n}{q_n}}$ の極限とし
て a^x を定義する.これによって関数 $y = a^x$ が定義でき
る.そのグラフは $a > 1$ のときと,$0 < a < 1$ のときで
違ってくるが,$0 < a < 1$ のときは $b = a^{-1} > 1$ とおくと
$a^x = b^{-x}$ と書けることからグラフの形の違いが分かる.

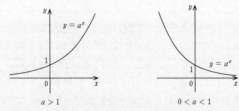

$a > 1$ $0 < a < 1$

ところで,上の $y = e^x$ のグラフから推測できるように,
任意の正の実数 a に対して

$$e^{\alpha} = a$$

となる数 α がただ一つ決まることを示すことができる.
この α を

$$\log_e a$$

または

$$\ln a$$

と記し,a の**自然対数**と呼ぶ.数学では $\log_e$ を使うことが
多いが,他の学問分野では $\ln$ を使うことが多い.本書で
も,これからは $\ln$ を自然対数の記号として使うことにす
る.

　繰り返すと,数 a とその自然対数 $\alpha = \ln a$ との間には

$$e^\alpha = a$$

という関係がある. 特に $e^0 = 1$ であるので $\ln 1 = 0$ である. さらに $\beta = \ln b$ のとき指数法則によって

$$e^{\alpha+\beta} = e^\alpha \cdot e^\beta = ab$$

が成り立つ. これは

$$\ln ab = \ln a + \ln b$$

が成り立つことを意味する. すなわち, 対数では積が和に変わる. このことを使って積の計算を和の計算に直すことができる. そのためには通常は自然対数ではなく常用対数を使うことが多い. このことに関しては後で述べる.

さらに, 正の数 x に対してその自然対数 $\ln x$ を対応させる関数を対数関数と呼ぶ. 対数関数 $y = \ln x$ のグラフは次のようになる. これは指数関数のグラフを $y = x$ に関して折り返した形になっている.

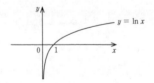

自然対数と同じ考え方で, 正の数 $a \neq 1, b$ に対して

$$a^\alpha = b$$

となる数 α はただ一つ決まる. この数 α を a を底とする b の対数といい, $\log_a b$ と記す. このとき, 自然対数と同様に

$$\log_a bc = \log_a b + \log_a c$$

$$\log_a 1 = 0, \quad \log_a a^n = n$$

が成り立つことが分かる. 最初の式は

$$a^{\alpha+\beta} = a^\alpha \cdot a^\beta$$

からすぐ導くことができる.

とくに底 a を 10 にとったものを**常用対数**といい, $\log_{10} a$ を $\log a$ と略記することが多い.

すべての正の数 b は

$$b = c \times 10^n, \quad 1 < c < 10$$

と書くことができるので

$$\log b = n + \log c$$

が成り立つ. 上の $y = a^x$, $a > 1$, のグラフから分かるように $1 \leqq c < 10$ のとき

$$0 \leqq \log c < 1$$

が成り立つ. このように $\log b$ を表したとき n を対数 $\log b$ の**指標**, $\log c$ を**仮数**という. たとえば

$$\log 236 = \log 2.36 + 2 = 2.3729120\cdots$$

$$\log 5789 = \log 5.789 + 3 = 3.7626035\cdots$$

が成り立つ.

常用対数を使った数値計算を行うには $1 < c < 10$ に対する対数の値を記した対数表と, 逆に $0 < \gamma < 1$ に対して $\log c = \gamma$ となる c を与える(言い換えると $c = 10^\gamma$ を与える)逆対数表とを用意する必要がある. かつては 7 桁や 10 桁の対数表と逆対数表が市販されていた.

236×5789 を対数を使って計算してみよう.

$$\log(236 \times 5789) = \log 236 + \log 5789$$
$$= 2.3729120\cdots + 3.7626035\cdots$$
$$= 6.1355155\cdots$$

を得る．対数表から

$$0.1355155 = \log 1.36620383\cdots$$

であるので 236×5789 はほぼ

$$1.36620383 \times 10^6$$

に等しいことが分かる．

$$236 \times 5789 = 1366204 = 1.366204 \times 10^6$$

であるので，かなり正確な値が計算できたことになる．ちなみに $\log b$ の指標が n であれば b は $n+1$ 桁の数である．（$10^1 = 10$ は 2 桁の数であることに注意．）

　以上のように，常用対数表を使った計算は近似計算であるが，実用上必要な桁数の計算を行うのには十分である．また，対数表を見るのは大変なので，対数の値と逆対数の値を目盛りに刻んで対数計算ができる計算尺が愛用された．慣ればかなりの精度で計算することができた．電卓の普及とともに対数表も計算尺も姿を消してしまったが，対数の持つ役割は計算の手段としてではなく，別の形で利用されることになった．このことに関しては，以下で何度もふれることになる．

　問題　$0 < \gamma < 1$ であれば

$$1 < 10^\gamma < 10$$

であることを示せ．

　また，このことと $\log 2 = 0.3010299956\cdots$ を使って 2^{100}

が何桁の数であるかを求めよ.

[答] 有理数 $0 < \dfrac{p}{q} < 1$ (p, q は正整数) に対しては p < q であるので

$$1 < 10^p < 10^q$$

が成立する. したがって q 乗根を取ることによって

$$1 < 10^{\frac{p}{q}} < 10$$

が成り立つ. このことから, 無理数 $0 < \gamma < 1$ に対しても

$$1 < 10^\gamma < 10$$

が成立することが分かる. 次に

$$\log 2^{100} = 100 \log 2 = 30.10299\cdots$$

であるので

$$2^{100} = 10^{30.10299\cdots} = 10^{30} \cdot 10^{0.10299\cdots}$$

となり, 2^{100} の桁数は 10^{30} の桁数と同じである. したがって, 31桁の数になる.

≪研究課題≫ 『数の大航海』[28] を読んで対数が生まれてきた背景を調べてみよう. また自分で常用対数表を作ってみよう.

最後に前節の問題の計算に触れておこう. 対数表は図書館の片隅に残されていることが多いが, 関数電卓に対数が組み込まれたものも多いので, それを使って対数を求めることが可能である.

$$\log 20 = \log 2 + \log 10 = 1.3010299\cdots,$$

$$\log 21 = 1.32221929\cdots$$

であるので

$$100 \log\left(1 + \frac{5}{100}\right) = 100 \log\left(\frac{21}{20}\right)$$

$$= 100\left(\log 21 - \log 20\right)$$

$$= 2.11893\cdots$$

を得る．したがって

$$\left(1 + \frac{5}{100}\right)^{100} = 10^{0.11893\cdots} \times 10^2$$

となる．逆対数表，あるいは関数電卓によって

$$10^{0.11893} = 1.31501\cdots$$

が分かるので

$$\left(1 + \frac{5}{100}\right)^{100} = 131.5\cdots$$

であることが分かる．同様に

$$50 \log\left(1 + \frac{5}{100}\right) = 1.05946\cdots$$

であるので

$$\left(1 + \frac{5}{100}\right)^{50} = 10^{0.05946\cdots} \times 10 = 11.467\cdots$$

を得る．

≪研究課題≫　計算の道具としての電卓，対数表を使った計算，計算尺，そろばんを比較してその長所と短所を論じよ．

1.12　大きな変化を小さく見せるには？──論理的思考とは何か

前節で見たように，対数を使うことによって大きな数の桁数を簡単に見出すことができる．また，関数 $f(x)$ は x が大きくなるとき急激に大きくなれば，$f(x)$ のかわりに $\log f(x)$ を考えた方が変化を小さくとらえることができる．このような事実は，すでにこれまでも何度も登場した．$y = 2^x$ のグラフを考えるかわりに $y = \log 2^x = x \log 2$ のグラフを考えれば一次関数のグラフとなって見やすい．

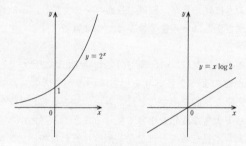

1.8 節の JCO 事故に関連した測定データのグラフも実質的には縦軸は対数的に目盛りをとっている．$10, 10^2, 10^3, 10^4$ の間が等間隔であるのは常用対数をとってみれば $\log 10 = 1$，$\log 10^2 = 2$，$\log 10^3 = 3$，$\log 10^4 = 4$ と等間隔になることから明らかであろう．横軸が通常の目盛り，縦軸が対数目盛りのグラフは対数グラフと呼ばれ，実験データを整理する際によく使われる．通常のグラフではよく分からないことでも対数グラフをとってみるときれいな関係が見つかることがある．JCO 事故に関連した測定データの

グラフもその一つである．このグラフからどのような事実
を読みとることができるかは，次章で取り扱う予定であ
る．

　対数目盛りで注意すべきことは，グラフの印象だけで変
化の割合を誤解してはいけないことである．2^n，$n = 1, 2,$
… を考えると急激に大きくなっていくが，$n \log 2$ は n の
一次関数でなだらかに増えていく．JCO 事故に関連した
測定データのグラフでは線量等量率はなだらかに減少して
いるように見えるが，縦軸の目盛りをよく見れば事故現場
から遠ざかるほど線量等量率はじつは急激に減少している
ことが分かる．

　このようにグラフの印象だけで判断するのではなく，グ
ラフがどのような目盛りを使っているかを考慮しなけれ
ば，正確な結論を出すことはできない．こうした，グラフ
を使って大きな変化を小さく見せることや，逆に小さな変
化を大きく見せることは日常茶飯事に行われている．次の
グラフは日本，中国，インドの人口をグラフに表したもの
である．二つのグラフから受け取る印象の違いに注意しよ
う．

≪研究課題≫　世界の人口の変化の割合のグラフを作って
みよう．縦軸の目盛りをかえることによって，どのような
印象を受けるかを調べてみよう．特に対数目盛りを使って
グラフを描いてみよう．（過去の人口の推定値をもとにし
た 1950 年から 2021 年までの人口変動の数値と 2100 年ま

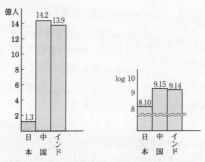

2020年の人口（通常目盛りと対数目盛り）

での予測数値は国連のホームページ https://population.un.
org/wpp/download/standard/mostused/からファイルをダ
ウンロードすることができる．世界の人口データや地理に
関するデータを見つけるのに，帝国書院の統計データ集
http://www.teikokushoin.co.jp/statistics/world/は便利であ
る．）

　グラフを使って表示することは一見客観的であるが，表
示をする側の意図によって受け取る側の印象をコントロー
ルできる点に注意すべきである．こうした操作は，正確な
数値に基づかずに印象だけで判断することが多い場合には
特に有効に活用される．注意しなければならない．
　ところで，我が国では非論理的な思考が至るところで見
られる．この非論理的な思考がもっとも科学的，論理的で
なければならないところで見いだされるところに特徴があ

る．たとえば，原子炉から出される放射性廃棄物の最終処分法としてガラス固形化が有力な手段と唱えられたとき，その根拠として「ガラスはエジプトの墓からきれいな形ででてくるので，きわめて安定な物質である」という"事実"が電力会社のパンフレットに登場したことがある．この論法で行けば，エジプトの墓から出てくるミイラをもとに人体もきわめて安定した物質であるといえそうである．ガラス固形化された放射能廃棄物からは大量の熱が発生し，エジプトのガラスとはおかれる環境がまったく違っていることに気づけば，上の論法は非論理的であることが分かろう．論理的に考えることは，データに基づきデータの意味することを慎重に検討する姿勢から生まれることに注意しよう．

≪研究課題≫　「タテマエ」と「ホンネ」という言葉は，重要なことを議論して決定するときによく使われる．加藤典洋著『日本の無思想』[29]にこの言葉の使い方が変わってきたことを中心に，日本人の考え方に関する考察がある．[29]を読んで，この本の主張について考えてみよう．

　この本と関連して，1945年8月，太平洋戦争敗戦の直後に書かれた鈴木大拙の「西田の思い出」という文章の一部を（漢字・かな遣いを現代表記に改めて）抜粋する．
　　　このどこどこまでもその底に徹しなければ已まぬと言うのが西田の性格であった．吾等の多数は何かの疑問

があっても，しかしてそれを解決しようと努力はするが，どうも好加減のところで腰を折る．意志が強くないと言うよりも，寧ろ知力の徹底性が欠けていると言うべきではなかろうか．東洋的教養では意力に偏して，知力を軽視する傾きがある．それでやたらに道徳的綱目を並べて，これを記憶し，またこれを履修する方面に教育の力点をおいている．そうして数学や科学のようなものは，実用になればそれでよいとしている．東洋人が一般に——特に日本人が——感傷性に富んで，知性・理知力に乏しいところへ，理論の研究を実用面にのみ見ようとするから，教育は一方向きになっていく．批判が許されぬ，研討が苟且［こうしょ；その場しのぎ（上野注）］にされる，知力の徹底性が疎んぜられる．従って物事に対しても主観的見方が重んぜられて，客観的に事実を直視し，その真相を看破しようという努力が弛んでくる．今度の敗戦の如きも，その根本的原因は日本人の理知性に欠けたところに存するのである．いまさら科学科学と言って大騒ぎするが，科学なるものは，そんなに浅はかに考えられてはならぬのである．手取り早く間に合うようにと，いくら科学を団子のように捏ね上げようとしても，捏ね上げられるものでない．まず，物を客観的に見ることを学ばなくてはならぬ，それからこれに対して徹底した分析が加えられなければならぬ．これが日本人の性格の中に這入ってこないと，偉大な科学の殿

堂は築き上げられぬ．科学や数学の学修を，単なる実
用面にのみ見んとする浅薄な考え方をやめて，学問の
根柢に徹する，甚深で強大な知性の涵養を心懸くべき
である．

≪研究課題≫　鈴木大拙の「西田の思い出」全文を読んで
(『鈴木大拙全集』[30]，または岡部美穂子・上田閑照著
『大拙の風景』(燈影舎)に収録されている)，『日本の無思
想』[29]の議論と比較してみよう．また，鈴木大拙の提言
が今日の日本で生かされているかを考えてみよう．

　さらに，中村元著『日本人の思惟方法』[31]を読んで私
たちの発想法そのものの特質を考えてみよう．たとえば，
同じ星空を眺めながら，古代バビロニア人は星の運行を正
確に記録したが，我が国では星空は文学の対象ではあって
も，星の運行の秘密を解明したいという思いは誰も抱かな
かった．なぜであろうか．

●文献────
[1]　高木仁三郎著『新版 単位の小事典』，岩波ジュニア新
　　　書 262，岩波書店
[2]　世界の文字研究会編『世界の文字の図典』，吉川弘文
　　　館
[3]　A. アーボー著『古代の数学』，中村幸四郎訳，SMSG
　　　新数学選書 11，河出書房新社
[4]　内林政夫著『数の民族誌』，八坂書房

[5]　佐藤健一編『江戸の寺子屋入門』，研成社

[6]　吉田豊『江戸かな古文書入門』，柏書房

[7]　吉田光由著『塵劫記』，大矢真一校注，岩波文庫

[8]　佐藤健一著『吉田光由の『塵劫記』』，研成社

[9]　『理科年表』，丸善（毎年 11 月頃に翌年版が出版される）

[10]　鈴木皇編著『とくべつ面白い理科』，岩波ジュニア新書 143

[11]　樋渡宏一著『性の源をさぐる——ゾウリムシの世界』，岩波新書 345

[12]　『新版　環境教育事典』，旬報社

[13]　レイチェル・カーソン著『沈黙の春』，青樹簗一訳，新潮社

[14]　シーア・コルボーン他著『奪われし未来』，長尾力訳，翔泳社

[15]　『科学の事典』第 3 版，岩波書店

[16]　シャルロッテ・ケルナー著『核分裂を発見した人——リーゼ・マイトナーの生涯』，平野卿子訳，晶文社

[17]　R. L. サイム著『リーゼ・マイトナー——嵐の時代を生き抜いた女性科学者』，鈴木淑美訳，シュプリンガー・フェアラーク東京

[18]　U. フェルシング著『ノーベル・フラウエン——素顔の女性科学者』，田沢仁・松本友孝訳，学会出版センター

[19]　読売新聞編集局『青い閃光——ドキュメント東海臨界事故』，中央公論新社

[20]　原子力資料情報室編『恐怖の臨界事故』，岩波ブック

　　　　レット No. 496，岩波書店

[21]　広河隆一著『チェルノブイリの真実』，講談社

[22]　瀬尾健著『チェルノブイリ旅日記』，風媒社

[23]　B. チェントローネ著『ピュタゴラス派』，斎藤憲訳，
　　　　岩波書店

[24]　上垣渉著『ギリシア数学のあけぼの』，日本評論社
　　　　（ファラデーブックス）

[25]　藤枝守著『響きの考古学』，音楽之友社

[26]　ベングト・ウリーン著『シュタイナー学校の数学読本
　　　　──数学が自由なこころをはぐくむ』，丹羽敏雄・森
　　　　章吾訳，三省堂

[27]　『呂氏春秋』（上），明治書院

[28]　志賀浩二著『数の大航海』，日本評論社

[29]　加藤典洋著『日本の無思想』，平凡社新書 003，平凡社

[30]　『鈴木大拙全集』第 33 巻，岩波書店

[31]　中村元著『日本人の思惟方法──東洋人の思惟方法
　　　　III』（決定版），『中村元選集』第 3 巻，春秋社

[32]　室井和男著『シュメール人の数学』共立出版

[33]　デイヴ・グルーソン著『サイレント・アース 昆虫た
　　　　ちの「沈黙の春」』，藤原多伽夫訳，NHK 出版

[34]　NHK メルトダウン取材班著『福島第一原発事故の
　　　　「真実」』講談社

[35]　アジア・パシフィック・イニシアティブ著『福島第一
　　　　原発事故 10 年検証委員会 民間事故調査最終報告書』
　　　　ディスカヴァー・トゥエンティワン

2章
測定と単位

　1章にさまざまな数が登場したが，その多くは単位がついていた．数の発生，とりわけ数学の進展は長さや，面積，時間などの単位を確定することと密接に関係しており，数の計算は，こうした単位間の換算の必要性から発展した部分も大きい．単位の定義を知ることは実生活上それほど重要でないことのように思われている．しかし，たとえば地震の大きさでマグニチュード5の地震とマグニチュード6の地震との間には規模にして約32倍の違いがあることを知っておくことは，地震が頻発するときにはきわめて重要なことになってくる．マグニチュードの定義には常用対数が用いられていて，マグニチュードが1増えるごとに32倍ずつ規模が大きくなるように単位がとられている．

　この章ではまず長さのように加法的な単位を取り扱い，対数的な単位は後に考察することにする．なお，単位については高木仁三郎著『新版 単位の小事典』[1]が優れた参考書である．本稿も，その多くをこの本によっている．

2.1　単位

　長さの単位としては，現在では多くの国でメートル法が使われているが，イギリスやアメリカのように別の単位が使われているところもある．我が国でも，古代中国の影響で尺が長さの単位として使われてきた．もっとも，同じ尺でも時代によって長さが違っていたようである．

　長さを決めるには，長さの単位を一つ決め，その何倍であるかを求めればよい．もちろん単純な整数倍にならないことから分数や小数を使う必要が出てくるわけである．また，長さの基準となるものをどのようにして決めるか，社会が大きく複雑になってくると大変な仕事になってくる．こうしたことから，長さの決め方は歴史的に考察すると，その社会や国の歴史を大きく語りかけてくれることになる．

≪研究課題≫　中国の史書『三国志』の中の魏書東夷伝・倭人（[2]）（通常『魏志倭人伝』と呼ばれる）に朝鮮半島の帯方郡から邪馬台国への道のりを記した部分があり，多くの論争を呼んできた．一つは方位が間違っていること，またそこに記された距離の単位「里」がどれだけの距離を表すか判然としないからである．方位に関しては，中国で記された地図では，日本は南北に細長い国ではなく，東西に細長い国として描かれていることで説明できる可能性がある．里がどれくらいの距離であるか，帯方郡から伊都国への距離の表し方を参考にして考えてみよう（[2] p. 25 を参

照のこと）．中国では長さの単位は王朝によって変化してきた．李白の詩のなかに「白髪三千丈」という言葉があるが，これは必ずしも誇張した表現ではなく，「丈」が昔は短かったためであるという．

長い間我が国で使われている長さの単位，メートルはフランス革命の際，決められたものであり，その際に普遍的な長さの基準として位置付けたいという願望があった．1795 年，1 メートルを赤道から北極までの距離の 10^7 分の 1 の長さと決めるメートル法がフランス国会を通過し，1797 年に白金のメートル原器がつくられた．しかし，このメートル法が世界的に普及するにはさらに長い年月が必要であった．

メートル法の世界的な普及を図るために「メートル条約」を世界の国々がとり決めたのは 1875 年のことである．ちなみに我が国は 1885 年にメートル条約に加入したが，実際の生活では「尺貫法」が使われた．アメリカは 1875 年にメートル条約に加盟しているが，日常生活では今でもヤード・ポンド法が使われている．1889 年にはメートル条約に続いてメートル原器が改めて作成された．

≪研究課題≫　『塵劫記』([3], [4])にでてくる種々の単位を調べて，現在使われている単位との換算表を作ってみよう．

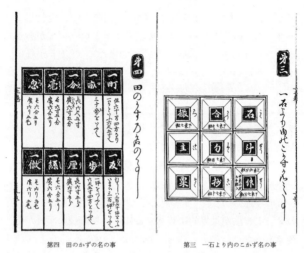

第四　田のかずの名の事　　　　第三　一石より内のこかず名の事

『塵劫記』上巻

　ところで，正しい1メートルを得るためには赤道から北
極までの距離を正確に測定する必要がでてくる．フランス
で1メートルを決めたときは，赤道から北極までの距離の
ほぼ10分の1にあたるスペインのバルセロナとフランス
のダンケルクまでの距離を精密に測って1メートルの基準
とした．

　それ以前，1735年にフランスアカデミーは調査隊を北
極とペルーに派遣して，北極での子午線1度の長さと，赤
道での緯線1度の長さの測定をおこなった（[5], [6]）．地
球が完全な球形であれば両者は一致する．ニュートン力学

からは緯線1度の長さの方が子午線1度の長さより長い，
すなわち地球は北極南極方向に扁平になっていることが示
される．フランスの調査隊の派遣はニュートン力学が正し
いかどうかの調査でもあった．（ニュートンの理論はそれ
ほど簡単に受け入れられたわけではなかった（[6], [7]）.）

　この調査隊の観測結果はニュートン力学を支持し，これ
以降ヨーロッパ大陸ではニュートン力学が急速に受け入れ
られるようになった．

　ところで，科学・技術が進展して長さの測定が精密にで
きるようになると，赤道から北極までの距離は1千万メー
トルではなく 10002288 メートルであることが分かり，精
密な長さの単位を決めるためにはメートル原器以外を使っ
て1メートルを定義することが必要になってきた．このた
め，1960 年に希ガス元素クリプトンの出す光の波長をも
とに1メートルが新たに定義された．正確にはクリプトン
原子 ^{86}Kr のエネルギー準位 $2p_{10}$ と $5d_5$ の間の遷移で放出
される光の，真空中における波長の 1650763.73 倍が1
メートルと決められた．実際にはさらに精密にクリプトン
原子が光を放出するときの条件をきちんと決めておく必要
がある．ちなみに，この光はだいだい色である．

　原子は原子核とその周りをまわる電子とによってできて
いることはすでに述べたが，原子が高いエネルギー準位に
あるときは電子の軌道半径は大きくなる．電子のとりうる
軌道は連続的ではなくとびとびの値しかもたず，電子は半
径の大きな軌道から小さな軌道に移るときにエネルギーを

光として放出する．この事実を利用して1メートルが決められたわけである．

　しかし，これでも精度が不十分であることが判明し，1983年に再度1メートルの定義が変わった．今度の定義は

　　　真空中を光が299792458分の1秒間に進む距離を1
　　　メートルとする

というものである．この定義では1メートルを決めるためには1秒を事前に定義しておく必要がある．時間は昔から天体の運行と関係して捉えられていた．1日は24時間，1時間は60分，1分は60秒と12進法や60進法が残っているのは，時間がきわめて古い時代から重要であったことを意味する．古代にどのようにして時間の単位を決めたかは，各文明によって違っていた可能性が大きい．太陽を使って時間の単位を決める方法が一つの説明として用いられる．太陽が空のある点を太陽の直径分だけ移動する時間（太陽の右端がその点にかかってから，左端がその点にかかる時間）がほぼ2分であることを使う方法である．

≪研究課題≫　　太陽の右端が木の幹や建物の角にかかってから左端が消えるまでの時間を計ってみよう．皆で時間を計って平均を求めてみよう．

　時間の単位を決めるためには，かつては地球の自転や地球の公転が利用されたが，精度が不十分であり，今日では

セシウム原子 ^{133}Cs の性質を使って定義される．すなわ
ち，セシウム ^{133}Cs の基底状態の超微細準位の間で遷移の
振動がおこり（通常は高いエネルギー準位から低いエネル
ギー準位への遷移しか起こらないが，エネルギー準位の差
がきわめて小さい場合は逆の遷移が起こることがあり，遷
移が交互におこって振動状態になることがある），それを
もとに1秒は定義される．正確には遷移に対応する放射の
9192631770 周期の継続時間が1秒である．いわゆるセシ
ウム時計といわれるものである．

　時間の定義とともに大切なのが時刻の定義である．これ
は 1972 年の初めを基点として1日が $60 \times 60 \times 24 = 86400$
秒として定められた．これは国際原子時と呼ばれる．ただ
し，地球の自転は一様でないので，ときおり閏秒を設けて
地球の運行から自然に定まる時間との調節を行っている．

　このように，時間と長さの単位に関しては最新の物理学
の知識をもとに単位の定義が変わってきたが，重さの単位
に関しては依然としてキログラム原器が使われている．重
さに関しては，物理的に考えると少々面倒なことがある．
それは質量と重量（重さ）の違いである．地球上ではすべて
の物体には地球の引力による力が加わる．秤で計る重さ
は，この地球の引力をもとにしている．物体に加わる引力
は物体の持つ質量に比例する．したがって同じ質量を持つ
物体は同じ重量を持つ．しかし，この地球上で6キログラ
ムの重量を持つ物体は月では約1キログラムの重量しか持
たない．月の引力は地球の引力の約 $\dfrac{1}{6}$ だからである．と

ころが，この物体は地球上でも月の上でも同じ 6 キログラ
ムの質量を持つ．質量と重量を区別するときには 6 重量キ
ログラムとか 6 キログラム重とかいうが，省略することの
方が多い．地球上で生活する限り，区別することがそれほ
ど重要な意味を持たないからである．だが将来，人類が月
や火星で生活することになれば，質量と重量の違いは実感
することができるようになるに違いない．

　質量を厳密に定義するためにはニュートン力学が必要に
なる．ある物体の質量は，定性的には物体に力を加えてそ
の運動を変えるとき，速さの変化を示す量である．同じ力
のもとでは質量の大きな物体の方が速さの変化は小さくな
る．

　ところで，速さは時速 80 キロメートル，秒速 20 メート
ルなどと使われる．x 軸を運動する物体の位置は時間の関
数として $x(t)$ と記すことができる．時刻 t_0 から時刻 t_1 の
間に $x(t_0)$ にある物体が $x(t_1)$ の位置に来たとすると，この
間の平均速度は

$$\frac{x(t_1) - x(t_0)}{t_1 - t_0} \tag{1}$$

である．t_1 をどんどん t_0 に近づけていったとき，平均速度
(1) があるきまった値に近づくときこれを $x'(t_0)$ と記し，
時刻 t_0 での速度という．また，$x'(t_0)$ を関数 $x(t)$ の t_0 での
微係数という．時間の単位を秒，長さの単位をメートルに
とれば，この速度は毎秒 $x'(t_0)$ メートルという．これを
$x'(t_0)\mathrm{m \cdot s^{-1}}$ と記すことがある．

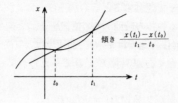

　　長さの単位をメートル，時間の単位を分にとれば，速度
の単位は毎分メートルになる．（実はこの説明は正確には
間違いである．速度はベクトルであり，速度ベクトルの大
きさを速さといい，上の定義は速さに対して行うべきもの
である．x軸上の運動を問題にしているので両者の違いは
符号だけの違いである．）

　　速度の変化の割合を示すのが加速度である．加速度もベ
クトルであるが，ここではx軸の上の運動しか取り扱わ
ないので，ベクトルとしての取り扱いはしない．時刻t_0
から時刻t_1の間の速度の平均変化

$$\frac{x'(t_1) - x'(t_0)}{t_1 - t_0}$$

を平均加速度と呼ぶ．t_1をどんどんt_0に近づけていったと
き，平均加速度があるきまった値に近づくときこれを
$x''(t_0)$と記し，時刻t_0での加速度と呼ぶ．また，$x''(t_0)$を
関数$x(t)$のt_0での2階微係数という．加速度の単位は時
間を秒，長さをメートルにとれば，毎秒毎秒メートル，
$\mathrm{m \cdot s^{-2}}$と記す．

　　ニュートン力学によれば，ある物体にかかる力と物体が

その力によって運動するときの加速度とは比例する. x 軸
上を運動する物体の時間 t での位置を $x(t)$ と記すと, 時刻
t でのこの物体の速度は $x'(t)$, 加速度は $x''(t)$ で与えられ
る. 物体に働く力が関数 $F(x, t)$ で与えられているとする
と

$$mx''(t) = F(x(t), t) \qquad (2)$$

が成立するというのがニュートン力学の基本であり, (2)
はニュートンの運動方程式と呼ばれる. これは微分方程式
と呼ばれるもので, F が与えられたとき, この微分方程式
を満足する $x(t)$ を求めることをこの微分方程式を解くと
いう. いまは, この微分方程式を解くことが問題ではな
い. この式に出てくる m が物体の質量である.

　働く力が引力の場合は, 万有引力の法則により地球上で
物体に働く力は質量に比例する mg で与えられる. ここで
g は万有引力定数または重力加速度と呼ばれ, 地点によっ
て変わってくるが, ほぼ $g = 9.8 \, \mathrm{m \cdot s^{-2}}$ である. したがっ
て, 地上で物体を手から放したときの運動は

$$mx''(t) = -mg$$

と書くことができる. したがって

$$x'' = -g$$

となる. これは, 物体の落下の仕方は物体の質量によらず
にすべて等しいことを表している. このことを実験ではじ
めて確認したのはガリレオであった. ガリレオ以前はアリ
ストテレスが主張したように質量の大きな物体の方がはや
く落下すると信じられていた.

　速さや加速度の単位は，長さと時間の単位を使って決めることができる．基本的な単位は，どれくらい必要であるのか，これは後に論じることにしたい．

　ところで，今まで述べた単位はすべて加法的な単位であった．しかし，対数目盛りを使った方が分かりやすい単位もある．これらの単位については節を改めて後述する．

2.2 地球を測る

　長さの基準をきめ，それに基づいて物差しをつくっても直接に物差しをあてて測定できる場合は少ない．直接測定できないものの長さをどのようにして測るかは古代から幾何学の問題として考えられてきた．相似の概念はこのような用途から生まれたのかもしれない．実際に，相似比を使うことによって直接測定できない場所の測定を行うことができる．古代ギリシアの伝説としてターレスがこうした測定を行ったと伝えられている．

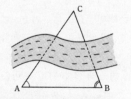

　相似比の原理は簡単である．二つの三角形 △ABC と △A′B′C′ とが相似であれば

$$AB : A'B' = BC : B'C' = CA : C'A'$$

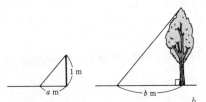

1 m の棒の影の長さが a m のとき，木の高さは $\dfrac{b}{a}$ m

が成り立つ．したがって，たとえば AB, B′C′, A′B′ の長さ
が分かれば

$$BC = \frac{B'C' \cdot AB}{A'B'}$$

として，BC の長さを求めることができる．これはさまざ
まな形で応用される．太陽の影を利用して直接測ることの
できない高い木や建造物の高さを測ることができる．

　この例では直角三角形を使ったが，直角三角形の場合は
さらに三角比を考えることができる．三角比は，実は三角
形からではなく円弧と弦の関係から生じたのであるが，こ
こでは歴史的な経緯はとりあえず無視して，三角比を考え
よう．

　∠ABC が直角である直角三角形 △ABC の辺の長さが
下図のようであるとき

$$\sin\angle A = \frac{a}{b}, \quad \cos\angle A = \frac{c}{b}, \quad \tan\angle A = \frac{a}{c}$$

と $\angle A = \angle CAB$ の正弦 sin, 余弦 cos, 正接 tan を定義する. ここで角度の単位が必要となる. 通常は円周を 360 等分したものを 1 度とする単位が使われる. これは古代バビロニアからの習慣である. 360 はほぼ一年の日数に対応する. 三角関数は星の運行の計算に, またそのことをもとにして暦を策定するための計算に使われた. 余談になるが, 我が国最初の三角関数表は建部賢弘によって作られた ([8], ただし『算暦雑考』の著者は中根元圭という説もある).

　正確な一年の長さ(= 地球が太陽のまわりを一周するのにかかる日数)はほぼ 365.25 日である. これが 4 年に一度閏年が必要となる原因である. しかし, 正確な公転周期は 365.25 日 = 365 日 6 時間よりわずかに少ない 365 日 5 時間 49 分であるので, グレゴリオ暦では 100 の倍数の年でその年が 400 の倍数でないときは閏年にしない. すなわち 400 年間に閏年の回数は 97 回とする. 西暦 2000 年はしたがって閏年であるが西暦 1000 年は閏年でなかったことになる. もっとも西暦 1000 年にはグレゴリオ暦はまだ誕生

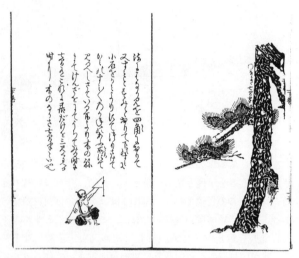

相似比を使って木の高さを測っている『塵劫記』下巻

していなかった.

　ところで，日本は明治5年12月8日を明治6年1月1
日(1873年)としてグレゴリオ暦を導入するまで太陰暦が
使われていた. したがって江戸時代以前の歴史上の日時は
グレゴリオ暦の日時とずれている. たとえば赤穂浪士の討
入りは元禄15年12月14日であるが，これはグレゴリオ
暦では1703年1月30日である. 正確には討入りは未明に
行われたと言われており，江戸時代の1日は日の出に始ま
り翌朝の日の出直前までとされていたので，今日の1日の
考え方では12月15日未明，グレゴリオ暦では1月31日

未明ということになる．桜田門外の変が起こった安政7年
3月3日はグレゴリオ暦1860年3月24日，また慶応4年
9月8日に明治と改元されたが，これはグレゴリオ暦では
1868年10月28日である．このようにグレゴリオ暦に換
算すると日付が大きく狂うことがあるが，これは太陰暦で
は閏月がある年が存在するからである．

　また，一日は地球の自転の周期として決められていた
が，今日では時間は天体の運行とは独立に決められるよう
になった．それによれば地球の自転の周期は 0.9973 日で
ある．この違いも，長い年月がたてば大きな違いとなって
現れる．

　さて，三角関数を使えば相似による計算をもう少し能率
的に行うことができる．伊能忠敬も測量に三角関数を使っ
ている．これについては後述する．

≪研究課題≫　太陽の影を利用して建物の高さや，木の高
さを求めてみよう．また，太陽の影を利用しなくても，仰
角を計ることによって木や建物の高さを求めることができ
る．分度器を使って仰角を求め，木や建物の高さを求め，
影を使って得られた結果と比較してみよう．

　ところで，地球の大きさを最初に測定した人は古代ギリ
シア，正確にはヘレニズム時代の紀元前3世紀にアレキサ
ンドリアで活躍したエラトステネスであった．彼は素数を
見つけだす方法を与えるエラトステネスの篩いの発見者と

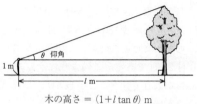

木の高さ $= (1+l\tan\theta)$ m

しても有名である.

　エラトステネスは夏至のとき,ナイルの第一瀑布の近く
の町であるシエヌで太陽が南中時に真上にあるが,シエヌ
からほぼ真北に約 800 キロメートル離れたアレキサンドリ
アの町では同じ時刻に太陽は真上より 7.5 度ずれた位置に
あることを見出し,これをもとにエラトステネスは地球を
球形としてその大きさを計算した.太陽光線は平行である
と考えてよいので,シエヌとアレキサンドリアの地球の中
心との角度は 7.5 度になる.したがって,地球一周の長さ
L は

$$800 = \frac{7.5}{360} \times L = \frac{L}{48}$$

から計算でき,$L = 800 \times 48$ キロメートルはほぼ 800×50
$= 4$ 万キロメートルであることが分かる.

2.3　振り子

　時間を計ることは昔から重要な課題であった.時計の歴
史は日時計や水時計を考えるときわめて古いが,機械仕掛

けの時計の登場は比較的新しい. 機械仕掛けの時計が登場
したのは 13, 14 世紀のヨーロッパであったといわれてい
る.

　最近はほとんど見かけなくなった振り子時計が登場した
のも比較的新しい. 1582 年にガリレオが振り子の等時性
(振り子の振幅にかかわらず一往復に要する時間は一定と
いうこと)を発見したことに始まる. ガリレオは息子の
ヴィンチェンと一緒に振り子時計の製作を試みたが成功し
なかった. 1656 年オランダのホイヘンスが最初の振り子
時計を製作した. 1 日に 10 秒ほどの誤差しか生じないと
いうので当時有名になったと伝えられている. ホイヘンス
が振り子時計の製作に成功したのは, 振り子が絶えず運動
するように振り子に力を与える機構を作ったことにある.
理想上の振り子と違って現実の振り子は摩擦によって運動
が次第に減衰して最後は止まってしまう. そのことが振り
子の運動を使って正確な時計を作ることの障害になってい
たのである.

　当時は航海がさかんな時代でもあり, 海の上で正確な時
刻を知ることは重要なことであった. それは正確な経度を
海の上で測るためにも必要とされた. 揺れる船の上で正確
に動く時計を作るために, 多くの創意工夫がされた. 時計
の歴史は技術の歴史の中でも大変興味深いものがある
([9]). また, ホイヘンスの時計に関する研究は技術的な
ことばかりでなく, サイクロイド曲線の研究を通して微積
分学の進展に大きく寄与したことでも知られている

([10]).

　ところで，ガリレオの時代の時計は街の中心地に時計塔
として作られた大型の時計がほとんどであった．持ち運び
できる時計ができるようになるのはいつからなのか筆者は
知らない．懐中時計が本格的に普及し出すのは 17 世紀末，
腕時計は 19 世紀に普及をし始めたといわれる．ガリレオ
は教会のランプの揺れを観察しているうちに，揺れの大小
にかかわらず一往復する時間（周期）が一定であることを見
出し，振り子の等時性を見出したという伝説がある．ガリ
レオは懐中時計や腕時計をみてランプの揺れる時間を計っ
たわけではなかった．伝説によれば彼は自分の脈拍を使っ
て等時性を見出したと伝えられるが，自分の発見に興奮し
て脈が速くなることはなかったのだろうか．

　この節では，振り子の運動を実際に確かめ，振り子を
使って時間を計ることが可能であることを調べてみよう．
振り子の等時性は厳密にいえば振り子の振幅が小さいとき
に近似的に成立するにすぎない．これについては，ガリレ
オが振り子の等時性を主張したとき，メルセンヌらによっ
て等時性は厳密には成立しないことがすでに指摘されてお
り，ホイヘンスも実験によってそのことを確かめていた．
この節ではさらに，ニュートン力学を使って振り子の運動
を理論的に調べてみることにする．

　さて，実験には長さが 1 メートルの振り子を使おう．1
メートルのひもにおもりをつけたものを用意し，ひもの先
端を固定してひもを左右に運動させる．ひもが壁などにぶ

つからないように注意する．たとえば，本棚の上部に板を
固定して，板に穴をあけてひもを固定するなど工夫をしよ
う．また，ひもは細いナイロンの釣り糸を使うとよい．お
もりの付け方も工夫が必要である．『とくべつ面白い理科』
[11]ではクリップを糸の先端につけて 50 円硬貨をおもり
として使う方法が紹介されている(図参照)．いろいろな工
夫が可能であるので皆で知恵を出し合っておもりの付け
方，ひもの先端の固定の仕方を工夫してみよう．

　おもりを持って，ひもがたるまないように左右どちらか
に上げ静かに放すと，振り子は周期運動を始める．(静か
に放さずに速度をつけて放してもよいが，そのときは振り
子の振れる幅(振幅)がおもりを放した位置を越えて大きく
なる．)

　おもりを放してから，また元の位置に戻るまでの一往復
にかかる時間が振り子の周期である．1 メートルの振り子
の場合，周期がほぼ 2 秒になることを実験で確かめたい．
そのために，どのような工夫が必要であろうか．ストップ
ウォッチを片手に一往復にかかる時間を計ることも考えら
れるが，あまり正確な測定ができるようにも思えない．発
想を逆転させてたとえば 1 分間に振り子が何往復するかを
測定した方が良さそうである．1 分間に 30 往復の運動が
おこれば周期はちょうど 2 秒になる．30 回の往復運動を
確かめるのが面倒だとしたら，30 秒間で測定してもよい．
測定を 1 人でするのは正確な時間や回数を数えるのが難し
いので，2 人で組んで測定をしてみよう．1 人が時計で 1

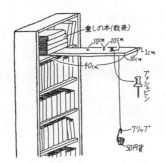

重しの本（数冊）

10cm　10cm

1cm

40cm

10cm

プッシュピン

クリップ

50円貨

支えの板を本棚などに固定する

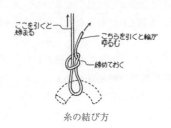

ここを引くと締まる

こちらを引くと輪がゆるむ

締めておく

糸の結び方

（クリップ）を変形させて50円貨をいくつかさしこむ。クリップではなくて（リング）があれば、もっと簡単

おもりの吊るし方

鈴木皇編著『とくべつ面白い理科』[11]の p. 8, p. 10, p. 13 の図

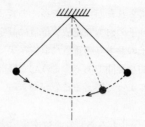

分を計り，もう1人が振り子の往復の回数を測定する．た
だし，1分後に振り子が最初の位置に戻るとは限らないの
で，端数は大体のところを小数で表すことにしよう．ただ
し，測定値は小数点第1位までにとどめる．この測定を5
回繰り返し，次に受け持ちを交代してさらに5回測定をし
よう．測定値の平均がほぼ2秒であることを確かめよう．
最近ではグラフ電卓にセンサーをつなぐことによって，よ
り正確に振り子の周期を求めることもできる．しかし上記
のような測定を行う方が測定の誤差の問題などを考えるこ
とができて面白い．

　しかし，これでは端数の処理が目分量で行われて，測定
値が不正確だという意見も出てこよう．今度は逆に30往
復にかかる時間を測定してみよう．30往復が長すぎるの
であれば10往復の時間測定でも構わない．できるだけ正
確な測定をするためにはストップウォッチを使うことも考
えられるが，とりあえずは，30往復で秒まで計れば充分
である．この測定によって周期がほぼ2秒であることを再
度確かめよう．

　測定結果は得られたが，ここで多くの疑問が湧いてくる
であろう．振り子のおもりを放す位置に測定結果は関係し
ないか，振り子のおもりの重さに測定結果は関係しないの
かなどは基本的な疑問である．こうした疑問はみずから実
験をすることによって答えることができる．

≪研究課題≫　振り子のおもりを放す位置を変えて測定し
てみよう．またおもりの重さを変えて測定してみよう．さ
らに振り子のひもの長さを変えて測定してみよう．周期が
ひもの長さの平方根に比例することを確かめよ．

≪研究課題≫　おもりを放す位置を極端に大きくすると1
往復にかかる時間が変わってくる．どれくらい変わるか，
ひもを放す位置を鉛直線から60度，さらに90度のところ
にとって試してみよう．ホイヘンスは90度のときの周期
は角度が小さいときの周期の$\frac{34}{29}$倍になると記しているそ
うである（『ガリレイの17世紀』[12] p. 99）．実験して確
かめてみよう．

　以上の実験結果をニュートン力学を使って理論的に考え
てみよう．そのためには，角度の単位として弧度法を使う
必要がでてくる．角度は日常生活では"度"を使うが，数
学的には弧度法が便利である．弧度法では単位円の弧長を
角度として使う．単位はラジアンといい，360度が2πラ
ジアン，90度が$\frac{\pi}{2}$ラジアンになる．（πは円周率であ

る.）角度は反時計まわりに計るときは正，時計まわりに計
るときは負の値をとると約束する．三角関数で角度の単位
にラジアンを使うときは $\sin\theta$ のように角度の単位は記さ
ない．度を使うときは以下では $\sin\alpha°$ のように単位を明記
する．

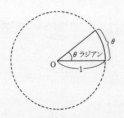

　三角関数は三角比の拡張として次のように定義する．x
軸の正の部分と単位円上の点 P と原点とを結ぶ線分 $\overline{OP}$
との角度を θ ラジアンとするとき，点 P の座標が $(\cos\theta,$
$\sin\theta)$ であると定義する．このとき，角度 θ は正の向きに
計っても，負の向きに計ってもよいとする．

　したがって，正の向きに計って θ ラジアンであれば負の
向きに計ったものは $-(2\pi-\theta) = \theta-2\pi$ ラジアンになる．
さらに計り方を自由にして円を何度まわって計ってもよい
と約束する．したがって θ ラジアンだけでなく，さらに円
を 1 周して計った $\theta+2\pi$ ラジアンや，円を n 周して計っ
た $\theta+2n\pi$ ラジアンも角度として許されることになる．負
の向きに計れば $\theta-2n\pi$ ラジアンも許されることになる．
以上の約束によって

$$\sin\theta = \sin(\theta+2m\pi),$$
$$\cos\theta = \cos(\theta+2m\pi),$$
$$m = \pm1, \pm2, \cdots$$

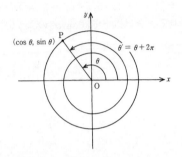

であることが分かる．このようにしてすべての実数 x に
対して $\sin x$, $\cos x$ が定義され，これらの関数は 2π の整
数倍を周期とする周期関数であることが分かる．また，

$$\tan x = \frac{\sin x}{\cos x}$$

と定義する．ただし，分母が 0 になる $x = \dfrac{\pi}{2}+2m\pi$, m
$= 0, \pm1, \pm2, \cdots$ では定義されないものとする．

　わざわざ複雑な単位を導入する必要などないと思われる
読者も多いかもしれないが，実は三角関数の微分を考える
ときはラジアンを使うことによって，理論が簡明になるの
である．角 θ が小さいときは，単位円の弧長 θ と $\sin\theta$ と
はそれほど違いがないように見える．$y = \sin x$ の図から
も

$$\sin \theta = \theta \tag{3}$$

と考えてもそれほど不自然でないことが納得されよう. 実際には

$$\sin \theta = \theta - \frac{1}{3!}\theta^3 + \frac{1}{5!}\theta^5 - \cdots + \frac{(-1)^n}{(2n+1)!}\theta^{2n+1} + \cdots \tag{4}$$

であることが知られている. θ が 0 に近ければ θ^3 以下の項は非常に小さくなることが分かるので(3)とおいてもそれほど問題ないことが分かる.

ところで, この議論では角度の単位がラジアンであることが重要である.

$$\sin \alpha° = \sin \frac{2\pi\alpha}{360} = \sin \frac{\pi\alpha}{180}$$

であるので(右辺の角度はラジアンである), α が小さいときには

$$\sin \alpha° = \frac{\pi\alpha}{180}$$

が成り立つ. (3)と較べてみると余計な因子が付いてくる. (3), より正確には(4)から

$$\frac{\sin \theta}{\theta}$$

は θ が 0 に近づくとき 1 に近づくことが分かる. これを

$$\lim_{\theta \to 0} \frac{\sin \theta}{\theta} = 1 \tag{5}$$

と記す. 一方, 角度の単位を度にとると

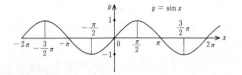

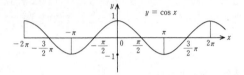

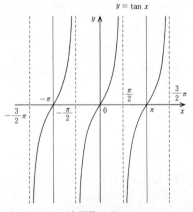

三角関数のグラフ

$$\lim_{\alpha^\circ \to 0^\circ} \frac{\sin \alpha^\circ}{\alpha^\circ} = \frac{\pi}{180}$$

となることが分かる. (5)を使って三角関数の微分を求めてみよう. もちろん, 角度の単位はラジアンを使う. まず, 三角関数の加法公式に注意する. これは下図(半径1の単位円)から明らかであろう.

$$\sin(\theta + \delta) = \sin \theta \cos \delta + \cos \theta \sin \delta$$

これより

$$\lim_{\delta \to 0} \frac{\sin(\theta + \delta) - \sin \theta}{\delta} = \lim_{\delta \to 0} \left\{ \sin \theta \left(\frac{\cos \delta - 1}{\delta} \right) + \cos \theta \left(\frac{\sin \delta}{\delta} \right) \right\}$$
$$= \cos \theta$$

を得る. ここで

$$\lim_{\delta \to 0} \frac{(\cos \delta - 1)}{\delta} = 0$$

を使ったが, これは $\sin^2 \delta + \cos^2 \delta = 1$ から

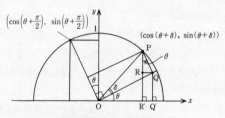

$$PQ = \sin \delta, \quad OQ = \cos \delta$$
$$PR = \sin \delta \cos \theta$$
$$RR' = QQ' = \cos \delta \sin \theta$$
$$\sin(\theta + \delta) = PR' = PR + RR'$$

$$\frac{(\cos\delta-1)}{\delta} = \frac{-1}{1+\cos\delta}\cdot\sin\delta\cdot\frac{\sin\delta}{\delta}$$

が成立するので(5)を使って示すことができる．以上によって三角関数 $\sin\theta$ の微分が $\cos\theta$ で与えられることが分かった．また，三角関数のグラフより，または前ページの図より

$$\cos\theta = \sin\left(\theta+\frac{\pi}{2}\right), \qquad \sin\theta = -\cos\left(\theta+\frac{\pi}{2}\right)$$

であることに注意すると $\cos\theta$ の微分 $(\cos\theta)'$ は

$$(\cos\theta)' = \left(\sin\left(\theta+\frac{\pi}{2}\right)\right)'$$

$$= \cos\left(\theta+\frac{\pi}{2}\right) = -\sin\theta$$

であることが分かる．したがって

$$(\cos x)'' = -\cos x \tag{6}$$

が成立する．

　以上の準備のもとに振り子の運動をニュートン力学を使って理論的に考察してみよう．振り子の運動は地球の重力に関係している．振り子の運動は図のように地球の中心へ向かう鉛直線を y 軸とし（ただし，軸は地球の中心に向かう方を負にとる），y 軸と振り子のなす角度の時間変化 $\theta(t)$ で記述することができる．振り子の長さが l，おもりの質量が m であるとする．振り子は原点を中心とする円上を運動する．重力は y 軸の負の方向に mg の大きさで作用する．ここで g は重力加速度である．

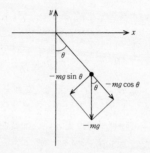

　振り子が運動する円の半径は l であり，鉛直線からの弧長は $l\theta(t)$ で記述される．円運動をしているので，弧長の変化速度は $l\theta'(t)$ になる．したがって，振り子の運動の円の接線方向の加速度は $l\theta''(t)$ となる．重力によって接線方向に働く力は $-mg\sin\theta$ であるので（振り子を押し戻す方向へ重力が作用するので）ニュートンの運動方程式は

$$ml\,\theta''(t) = -mg\sin\theta(t) \tag{7}$$

となる．これより

$$\theta''(t) = -\frac{g}{l}\sin\theta(t) \tag{8}$$

となり，$\theta(t)$ は振り子の質量 m によらないことが分かる．周期が振り子のおもりによらないことは，このようにニュートン力学で明快に説明できる．

　次に微分方程式(8)を解くことを考えよう．このままで解くことができるが，それは後に考える．最初は話を簡単にするために振り子の動きはわずかで，角度 $\theta(t)$ はそれ

ほど大きくないとする．したがって，(3)をつかって微分
方程式(8)を

$$\theta''(t) = -\frac{g}{l}\theta(t) \qquad (9)$$

と書き換える．このような"乱暴な"ことをするのに耐え
られない読者もいよう．筆者自身も，最初にこの議論を講
義で聴いたときに物理学はなんといい加減，汚い学問で
あろうと思ったことを覚えている．もちろん，物理学的な
観点に立てば，振り子の運動のモデルを微分方程式を使っ
て構成し，それが実験結果とあっていればよいモデルであ
るのである．実際に運動方程式をたてるときも空気の抵抗
やひもの摩擦を考慮していないのだから最初から理想化し
たモデルを考えている．したがって(9)を使ったからと
いって乱暴だとは言えない．もちろん，振幅が小さいとき
でないと微分方程式(9)は成立しないという事実は重要で
ある．

　微分方程式の理論を述べる余裕はないので(簡単な解説
は付録を参照のこと)，(6)を使って(9)を満足する $\theta(t)$ を
求めてみよう．そのために，天下りではあるが

$$\theta(t) = \alpha \cos\left(\sqrt{\frac{g}{l}}\, t + \beta\right)$$

とおいてみる．β は定数で後に確定する．

$$\theta'(t) = -\sqrt{\frac{g}{l}}\, \alpha \sin\left(\sqrt{\frac{g}{l}}\, t + \beta\right)$$

となり，再度微分することによって

$$\theta''(t) = -\frac{g}{l}\,\alpha\cos\left(\sqrt{\frac{g}{l}}\,t + \beta\right) = -\frac{g}{l}\,\theta(t)$$

を得る. さて, 時刻 $t = 0$ で y 軸(鉛直線)から角度 θ_0 の
ところから初速度 0 で振り子を放したとしよう. したがって

$$\theta(0) = \theta_0, \quad \theta'(0) = 0 \qquad (10)$$

が成り立つので $\alpha = \theta_0$, $\beta = 0$ であることが分かり, 求め
る(9)の解は

$$\theta(t) = \theta_0\cos\left(\sqrt{\frac{g}{l}}\,t\right) \qquad (11)$$

であることが分かる. 他にも解があるのではと心配になる
が, 微分方程式の理論から条件(これを初期条件という)
(10)のもとで微分方程式(9)を満たす解はただ一つしかな
いことが分かっている.

　解(11)が振り子の運動を記述する. 振り子が一往復する
のにかかる時間(振り子の周期)T は $\theta(T) = \theta(0)$ となる最
小の正の数 T であるので

$$\sqrt{\frac{g}{l}}\,T = 2\pi$$

を解けばよいことが分かる. これから

$$T = 2\pi\sqrt{\frac{l}{g}} \qquad (12)$$

を得る. 具体的な数値を求めるためには, 最初の実験と比
較するために $l = 1\,\mathrm{m}$ ととる. 重力加速度 g はほぼ 9.8
ms^{-2} であるので

$$T = 2\pi\sqrt{\frac{1}{9.8}}\,\mathrm{s} = 2.006\cdots 秒$$

が得られ，実験結果と整合する．

　ところで，重力加速度 g は地球上一定ではない．地下に
鉱物が大量に存在するときは大きく，逆に石油や天然ガス
が埋蔵されているところでは小さくなる．『理科年表』に
よれば

札幌	$9.80477\,\mathrm{ms}^{-2}$,
東京	$9.79763\,\mathrm{ms}^{-2}$,
京都	$9.79707\,\mathrm{ms}^{-2}$,
那覇	$9.79095\,\mathrm{ms}^{-2}$,
ヘルシンキ	$9.81900\,\mathrm{ms}^{-2}$,
パリ	$9.80925\,\mathrm{ms}^{-2}$,
南極の昭和基地	$9.82525\,\mathrm{ms}^{-2}$

となっている．重力加速度を測定するには精密な振り子を
使うが，現在では真空中の物体の落下速度を原子時計を
使って測定し，重力加速度を計算することができるように
なっている．

　ここでさらに，振り子の運動に関して近似の運動方程式
(9)ではなく，本来の運動方程式(8)を解きたいと思われる
読者も多いであろう．楕円関数が登場して数学的に難しく
なるので，詳しくは[13]を参照していただくことにして周
期の結果だけ記そう．(楕円関数の誕生の歴史に関しては
[14]が興味深い読み物である．)

$$k = \sin \frac{\theta_0}{2}$$

とおくと，周期は k の関数として

$$T(k) = 2\pi \sqrt{\frac{l}{g}} \left(1 + \frac{k^2}{4} + \cdots\right) \tag{13}$$

と表すことができる．$\theta_0 = \dfrac{\pi}{2} = 90°$ のときは $k = \sin \dfrac{\pi}{4}$

$= \dfrac{1}{\sqrt{2}}$ であるので

$$T = 2\pi \sqrt{\frac{l}{g}} \left(1 + \frac{1}{8} + \cdots\right)$$

となる．振幅が小さいときの周期の約 $\dfrac{9}{8}$ 倍がこの場合の

周期になる．ホイヘンスの主張した値 $\dfrac{34}{29}$ 倍よりは小さい．

　ホイヘンスは振り子時計をつくるときに，振り子の等時性は厳密には成立しないことも考慮に入れていた．ホイヘ

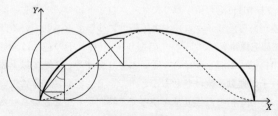

サイクロイド

ンスはさらに真の等時性を持つ振り子を考察し，振り子の
重心がサイクロイドに沿って動くときに微分方程式 (9) が
近似としてではなく真に成り立つことを見出し，これを時
計の製作に応用した ([10])．円が直線上を滑らずに回転し
ていくときに，円周上の 1 点が描く軌跡がサイクロイドで
ある．たとえば，パラメータ表示

$$x = a(t - \sin t)$$
$$y = a(1 - \cos t)$$

で与えられる曲線がサイクロイドである．

≪研究課題≫　時計の歴史について調べてみよう．時計は
アイディアの積み重ねで精巧な機械として発達してきた．
それを根本的に変えたのはクォーツ時計の誕生である．も
し，身近に古い時計があればそれを分解して，内部の複雑
な機構を調べてみよう．『時計と人間』[9] に時計の発展に
重要であった発明のいくつかについて記されている．古い
時計のどこで使われているか観察してみよう．

≪研究課題≫　サイクロイド曲線について調べてみよう．
『カーブ』[15] の第 1 章 9 にサイクロイドについて詳しい記
述がある．サイクロイドの等時性についてもふれている．

≪研究課題≫　(フーコーの振り子)　振り子の運動は地球
の自転の影響を受ける．重いおもりを使うと 1 時間以上振
り子の運動を続けさせることができる．実際に非常に重い
おもりを持った振り子を使って 1 時間振り子を運動させる
と振り子が運動をする平面がずれることを確かめてみよう

（『とくべつ面白い理科』[11]の第1章 pp. 26-27 を参照のこと）．

≪研究課題≫　航海術と時計の関係について調べてみよう．大西洋を横断する船の位置を知るためには天体の運行をもとにしたが，そのためには正確な時計が必要であった．しかも船は揺れるので，通常の振り子を使うことができず，さまざまな工夫がされた．

2.4　牛乳パックと等周問題

　難しい話が続いたので一休みしよう．この節の話は以前，日本総合学習学会の模擬授業に取り上げられたものである[16]．

　1リットル入りの牛乳パックは，底面を同じくする直方体と四角錐でできており，底辺は一辺が約7センチメートルの正方形，高さは四角錐の部分を除いて約19.5センチメートルである．$7 \times 7 \times 19.5 = 955.5$ なのでここまでで約45ミリリットル足りないことになる．四角錐の部分は，$7 \times 7 \times 2 \times \dfrac{1}{3} = 32.6 \cdots$ となり，てっぺんまで牛乳が入っていたとしても45ミリリットルには満たない．牛乳は，本当は1リットル入っていないのではないかというのが素朴な疑問である．読者もぜひ測定してみていただきたい．

　ところが，実際に1リットルの水を用意して空の牛乳
パックに入れてみると四角錐の部分を残して水は入ってし
まう．理由は，牛乳パックが紙で作られているので，変形
しやすく膨らんでしまうからである．断面で考えてみれば
正方形ではなく少し丸みをおびた形になっている．周の長
さは変わってはいない．すると自然な疑問が生じる．周の
長さが一定で面積が最大の図形は何か？　これは数学では
等周問題といわれる．

　簡単のために周の長さを $4l$ センチメートルとしよう．
正方形を考えれば一辺の長さは l センチメートルで，面積
は l^2 平方センチメートルとなる．一方，周が $4l$ センチ
メートルの円の半径 r は $2\pi r = 4l$ より $r = \dfrac{2l}{\pi}$ センチメー
トルとなりその面積は $\pi r^2 = \dfrac{4l^2}{\pi}$ 平方センチメートルとな

る.　$\dfrac{4}{\pi} > 1$ であるので円の方が正方形より面積が大きい.

正 m 角形のときはどうなるであろうか. このときは一辺

の長さは $\dfrac{4l}{m}$ センチメートルとなり, この一辺と正 m 角形

の中心からできる三角形は次のようになる.

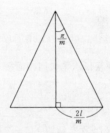

　したがって, この三角形の面積は

$$\frac{1}{2}\frac{4l}{m}\cdot\frac{2l}{m}\tan\left(\frac{\pi}{2}-\frac{\pi}{m}\right)=\frac{4l^2}{m^2}\tan\left(\frac{\pi}{2}-\frac{\pi}{m}\right)$$

となり, 正 m 角形の面積は

$$\frac{4l^2}{m}\tan\left(\frac{\pi}{2}-\frac{\pi}{m}\right)$$

となる. $x = \pi/m$ とおくと面積は

$$\frac{4l^2}{\pi}x\tan\left(\frac{\pi}{2}-x\right)$$

と書ける.

$$x \tan\left(\frac{\pi}{2}-x\right) = \frac{x \sin\left(\frac{\pi}{2}-x\right)}{\cos\left(\frac{\pi}{2}-x\right)} = \frac{x \cos x}{\sin x}$$

であり，前節の式(5)より x が 0 に近づくと $x \tan\left(\frac{\pi}{2}-x\right)$ は 1 に近づくことがわかる．実際には，$x \tan\left(\frac{\pi}{2}-x\right)$ は x が 0 に近づくとき 1 に向かって増加していくことが示され，正 m 角形の面積は次第に円の面積 $\frac{4l^2}{\pi}$ に近づくことが分かる．

　この増加の様子は目で見ることができる．少し厚めの紙で，あるいは牛乳パックを輪切りにして図のような帯を作る．正方形のときに一杯になるようにビーズを入れる．次にこの正方形の辺を膨らませて 8 角形を作り正方形のときのビーズをそのまま入れてみると隙間ができることが分かる．円に近づけていくと必要なビーズが増えることが分かる．

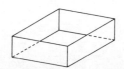

　周が一定のとき円が最大の面積を与えることを厳密に数学的に解くことは難しいが，直観的に上の実験で確かめる

ことができる.

　ところで,周が一定の長さの長方形の中では正方形が最大の面積を与えることは簡単に示される.短い方の辺の長さを x センチメートルとすると,長方形の面積は $x(2l-x)$ 平方センチメートルになる.すると

$$x(2l-x) = -x^2 + 2lx$$
$$= -(x-l)^2 + l^2 \leqq l^2$$

となり面積が最大になるのは $x = l$ のとき,すなわち正方形のときであることが分かる.

　等周問題の解,すなわち周囲の長さが一定であれば面積が最大になるのは円になることの議論は『数と図形』[18]の第 18 章 b に詳しい.たいへん興味深い議論が行われているので少し述べてみよう.この論法は 19 世紀に総合幾何学(初等幾何学)で活躍したシュタイナーの議論である.シュタイナーの議論は,周の長さが一定で面積が最大の図形は凸図形であることを示すことから始まる.もし,図形がどこかで凹んでいれば下の図のようにさらに面積の大きな図形を作ることができるからである.

　次に，周上のある点 P から測って周の長さが半分にな
る点 Q をとると，求める面積最大の図形は線分 PQ を軸
として対称にとれることを示す．なぜならば，線分 PQ で
分けられる 2 つの図形を考え，面積を較べて大きい方を選
び，その部分を線分 PQ を軸として折り返して，周の長さ
は以前と同じで，面積が大きく線分 PQ に関して対称な図
形ができることが分かる．2 つの部分が同じ面積のときの
この操作で線分 PQ で対称な図形ができる．

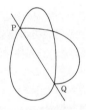

　この図形が凸図形でなければ，先の操作を行ってこの図
形より面積の大きな図形を作ることができる．こうしてで
きた図形に今の操作を行う．さらに，この操作を図形の周
上のすべての点で行う．この操作は無限回続くかもしれな
いが，図形は次第に円に近づいていくであろう．こうし
て，シュタイナーは周の長さが一定のとき面積が最大にな
るのは円であると結論した．
　このシュタイナーの論法は多くの議論を呼んだ．見事な
議論と感心する人と，無限の操作をしているのでどこか腑
に落ちないという人に分かれた．読者はどう思われるであ

ろうか．結論を先に書いておくと，シュタイナーの議論は
周が一定で面積が最大の図形があるとすれば円でなければ
ならないと主張しているが，円が面積最大であるとは証明
していないのである．要するに，面積が最大になる図形が
存在するという保証がないのである．そんなことは当たり
前だ，なぜ証明しなければならないのかと不思議に思う読
者も多いかもしれないが，直観的に明らかであってもきち
んと証明しなければ存在は分からないのである．シュタイ
ナーとベルリン大学で同僚であったワイエルシュトラスは
実際に最大・最小値を求める問題に解が存在しない場合が
あることを示し，数学の議論の厳密性に数学者の関心を呼
び起こした．等周問題では円が解であることを示すことが
できる．ただ，円が実際に面積最大の図形であることの厳
密な証明は難しい．その理由も[18]の第18章a, bに詳し
く記されている．

　現代の高度に進んだ科学技術文明で生活する場合には以
上の議論は多くの示唆を与えてくれる．問題に最適な解が
実は存在しないかもしれないと疑うことが，これからます
ます必要になってこよう．

2.5　円周率を測ろう

　円と関係する話題がでたので，円周率を実験で求める話
題を採り上げてみよう．これも，厳密な数学的議論は面倒
であるが，実験を実際に行ってみると興味を引くであろ
う．ただし，かなりの数の実験を行う必要があるので，ク

ラス全員で，あるいは学年全体でやってみることをお勧めする．

　図のように間隔が d センチメートルの平行線を紙に描き，長さが $l < d$ センチメートルの針を紙の上に落ちるようにデタラメに投げる．

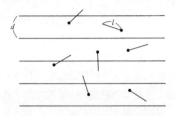

　ここで，大切なことはデタラメに投げることである．一人で投げると癖がでてデタラメではないかもしれないが多くの人が投げればデタラメに近づくであろう．デタラメに針を投げるとき，紙の上に落ちた針が平行線と交わる確率はどれくらいあるかという問題を考える．この問題はフランスのビュフォンが 1770 年に提唱したのでビュフォンの針の問題と言われる．

　これは次のように考えられる．針が平行線と角度 θ ラジ

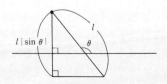

アンで交わる確率を考えてみよう．ただし，平行線を x 軸と考え，針と平行線の交点を原点と考え，角度は反時計回りに 0 から 2π まで測る．

　平行線と直交する部分の長さは $l|\sin\theta|$ であるので（絶対値をつけたのは $\pi < \theta < 2\pi$ では $\sin\theta < 0$ となるからである），したがって平行線と針が角度 θ で交わる確率は $\dfrac{l|\sin\theta|}{d}$ であると考えられる．針と平行線が交わる確率はこの確率をすべての $0 \leqq \theta \leqq 2\pi$ について足しあわせたもの，実際には θ は連続変数であるので和のかわりに積分をとる必要がある．具体的には，関数 $f(\theta)$ に対して区間 $[0,\ 2\pi]$ を

$$0 = \theta_0 < \theta_1 < \theta_2 < \cdots < \theta_{N-1} < \theta_N = 2\pi \qquad (14)$$

と分割して和

$$\sum_{j=1}^{N} f(\theta_j')(\theta_j - \theta_{j-1}), \quad \theta_{j-1} \leqq \theta_j' \leqq \theta_j \qquad (15)$$

を考える．この和が，また θ_j', $\theta_{j-1} \leqq \theta_j' \leqq \theta_j$ をどのように選んでも，分割(14)をどんどん細かくしていったとき一定の決まった値に収束するとき，その値を

$$\int_0^{2\pi} f(\theta) d\theta \qquad (16)$$

と記し，関数 $f(\theta)$ の 0 から 2π までの積分という．和(15)は $f(\theta)$ のグラフの面積の近似と考えることができる．

　したがって積分(16)は関数 $f(\theta)$ のグラフの面積を表していると考えることができる．ただし，$f(\theta)$ が負になる部

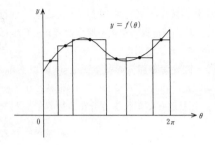

分の面積は負の値をとると約束する．これで積分の意味は
分かったが，積分(16)の値を求めるには少し工夫が必要で
ある．そのためには関数 $f(\theta)$ の 0 から $x \leqq 2\pi$ までの積分

$$g(x) = \int_0^x f(\theta)d\theta$$

を考える．$g(x)$ も区間 $[0, 2\pi]$ で定義された関数となる．
(今，関数 $f(\theta)$ はよい性質を持っていて，積分 $g(x)$ がつ
ねに存在すると仮定する．たとえば $f(\theta)$ が連続関数であ
ればよい．)そこで

$$\lim_{h \to 0} \frac{g(x+h) - g(x)}{h}$$

を考えてみよう．$g(x+h) - g(x)$ は $[x, x+h]$ の間の $f(\theta)$
のグラフの面積を表しており，(15)を参考に考えれば，
$f(\theta)$ が x の近くで連続であれば $g(x+h) - g(x)$ は $f(x)h$
に近い値であることが分かる．

したがって $f(\theta)$ が連続関数であれば

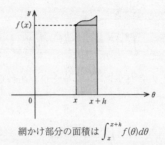

網かけ部分の面積は $\int_x^{x+h} f(\theta)d\theta$

$$\lim_{h\to 0} \frac{g(x+h)-g(x)}{h} = f(x)$$

がすべての $x \in [0, 2\pi]$ で成立することになる．これは $g(x)$ の微分 $g'(x) = f(x)$ を意味する．また，今の場合 $g(0) = 0$ であり，$g(2\pi)$ は求める積分(16)の値であることが分かる．

ところで，一般に $G'(x) = f(x)$ となる関数 $G(x)$ は先に求めた関数 $g(x)$ と定数の差だけの違いしかない．これを示すには，$h(x) = G(x) - g(x)$ とおくと $h'(x) = 0$ となるが，接線の傾きが 0 である関数は定数関数であるから $h(x) =$ 定数 であることに注意すればよい．一般に $G'(x)$ $= f(x)$ である関数 $G(x)$ を $f(x)$ の原始関数という．すると

$$\int_0^{2\pi} f(\theta)d\theta = G(2\pi) - G(0)$$

が成り立つことが分かる．また，以上の議論は区間 $[a, b]$ で定義された連続関数 $f(t)$ に対して適用できる．$f(t)$ の原

始関数を $G(t)$ とすると

$$\int_a^b f(t)dt = G(b) - G(a).$$

さて，以上の考察から $\dfrac{l|\sin\theta|}{d}$ を足しあわせたものとし

ては厳密には

$$\int_0^{2\pi} \frac{l|\sin\theta|}{d}d\theta$$

を考えればよいことが分かった．また，θ は 0 から 2π ま
で動くので，求める確率は

$$P\!\left(\frac{l}{d}\right) = \frac{1}{2\pi}\int_0^{2\pi} \frac{l|\sin\theta|}{d}\,d\theta$$

と考えられる．この積分の計算は $|\sin\theta|$ のグラフの 0 か
ら 2π までの面積を求めることに帰着する．

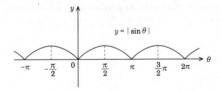

さらに，このグラフの面積は 0 から $\dfrac{\pi}{2}$ までの面積の 4

倍であることもグラフから直ちに分かる．前節で述べたよ
うに $(\cos\theta)' = -\sin\theta$ であるので

$$\int_0^{\pi/2} \sin\theta\,d\theta = \Big[-\cos\theta\Big]_0^{\pi/2} = 1$$

を得る．したがって，求める確率は

$$P\left(\frac{l}{d}\right) = \frac{4l}{2\pi d}\int_0^{\pi/2}\sin\theta\,d\theta = \frac{2l}{\pi d}$$

であることが分かる．このようにして，求める確率の中に円周率 π が現れることが分かった．そこで，実際に平行線を描いた紙の上に針を M 回投げて N 回針が平行線と交わったとすると

$$\frac{N}{M} = \frac{2l}{\pi d} \tag{17}$$

が成り立つとして，それをもとに π を求めてみようというのが実験の趣旨である．(17) は M がきわめて大きいときに近似的にしか成立しない式であるので，たくさんの回数針を投げる必要がある．どれくらい正確な π の値が出せるかが興味ある．歴史的には，1850 年にウォルフが実験を行って $\frac{l}{d} = 0.8$ で 5000 回針を投げて 2532 回平行線に当たったと報告したのが最初である．

$$P(0.8) = \frac{2532}{5000}$$

として

$$\pi = 2\frac{l}{d}\cdot\frac{1}{P(d/l)} = 2\cdot0.8\cdot\frac{5000}{2532} = 3.15\cdots$$

を得た．もっとも正確な π の値を出したのはラッツェリニで 1901 年に $\frac{l}{d} = 0.83$ のとき 3408 回投げて 1808 回平

行線に当たったと報告し $\pi = 3.1415929$ を得たとしている. しかし, この実験に関しては疑問が出されている ([19]).

≪研究課題≫　コンピュータで乱数を発生させ, 針を投げるプログラムを書いて円周率を計算してみよう.

　円周率を実験で測る方法は他にも考えられる. 『π の話』[20]にそのいくつかが挙げられているので参照してほしい.

2.6　対数と単位

　私たちの感覚は加法的ではない. 道路工事の掘削機が1台から2台に増えると私たちは騒音が増したことを感じる. もう1台掘削機が増えても騒音の変化はそれほど大きくは感じられない. 2台から4台と倍に掘削機が増えると初めて最初と同じ騒音の変化と感じられる. これは音の高さの変化を1オクターブと感じるときの振動数の変化と同じ原理である. 実験によると騒音は音の強さが10倍になると人間の耳には倍の大きさの騒音として聞こえる. そこで, 音のレベルを表す単位として使われるデシベルは常用対数を使って定義される([1]).

　私たちの身体の感覚器官のこのようなはたらきは19世紀には多くの人々に気づかれていたようであるが, 音の刺激に関する研究を行った生理学者ウェーバー(E. H. Weber,

1795-1878) と人間の感覚に関する一般的な法則を考察した
グスタフ・フェヒナー (G. T. Fechner, 1801-87) を記念して
ウェーバー–フェヒナーの法則という名で呼ばれている.

　この法則は星の明るさに関しても成立する. 古代ギリシ
ア人は明るさによって星を 1 等星から 6 等星までに分類し
た. 非常に明るい星が 1 等星, その次の明るさをもつ星が
2 等星と順に番号をつけていくと, かろうじて肉眼で見え
る星 (もちろん古代ギリシアには望遠鏡はなかった. しか
し, 夜は今のように明るくはなかった) は 6 等星となった.
この等級のつけかたは, 後に星の発する光の強さが測定で
きるようになると簡単な規則で説明できることが分かっ
た. 6 等星の光の強さを L とすると 5 等星の光の強さは
$2.5\,L$, 4 等星の光の強さは $(2.5)^2\,L = 6.25\,L$, 3 等星の光
の強さは $(2.5)^3\,L$ と, 順に 2.5 倍になっていく. 1 等星は
$(2.5)^5\,L$ で

$$(2.5)^5 = 97.65625$$

であり, これは 100 に近い. そこで, 現在では 6 等星と 1
等星の間の光の強さがちょうど 100 倍であるように単位を
とり, これを**等級**と呼んでいる. すなわち 1 等級の変化は
光の強さが

$$\sqrt[5]{100} = 2.5118\cdots$$

倍に対応する.

$$\log \sqrt[5]{100} = \log 10^{\frac{2}{5}} = \frac{2}{5}$$

であるので, m 等級の星の光の強さを L_m, n 等級の星の

光の強さを L_n とすると

$$n-m = \frac{5}{2} \cdot \log \frac{L_m}{L_n}$$

が成立する．このことに注意すると，等級は整数で表さなくてもよいことになる．

　そこで，国際的に決めた原点から明るさが 2.512 倍（正確には $\sqrt[5]{100}$ 倍）増えるごとに 1 等級減ると等級を定義する．このように対数が等級の定義に使われる．

　こうした約束によれば北極星はちょうど 2 等級であり，1 等星である白鳥座のデネブは 1.3 等級，オリオン座のアルファ星（オリオン座の中で一番明るい星）ペテルギウスは 0.9 等級である．もっとも明るい 1 等星であるおおいぬ座のシリウスは -1.5 等級である．1 等級の光の強さを M とすると 0.9 等級の光の強さは

$$(\sqrt[5]{100})^{1-0.9} M = 1.0965 M$$

であり，-1.5 等級の光の強さは

$$(\sqrt[5]{100})^{1+1.5} M = 10 M$$

となる．太陽は -26.8 等級である．

　光の強さの単位カンデラ（光度ということもある）を決めるのは少々やっかいである．光の強さは人間の眼がどのような明るさを感じるかということであり，光の持つエネルギーだけでなく光の波長も関係してくる．人間の眼は黄や緑を明るく感じ，赤や紫を暗く感じる．こうした眼の特性を考慮してカンデラは決められている．正確な定義は「周波数 540×10^{12} ヘルツの単色光が放射する光源の放射強度

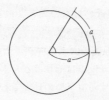

弧長が a となる角度が 1 ラジアン（円周は 2π ラジアン）

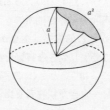

面積 a^2 の部分を見る立体角が 1 ステラジアン（球面全体は 4π ステラジアン）

が $\dfrac{1}{683}$ W/sr（ワット毎ステラジアン）」というものである．ワットは仕事率の単位で次の節で簡単に説明する．ステラジアンは立体角の単位である．立体角を使うのは，私たちは 3 次元の空間にいるので，夜空を見上げるときは空は球面と考えられ，角度も球面をもとに考える必要があるからである．半径 a の球面の中心から面積がちょうど a^2 になる球面の領域を見る立体的な角度が 1 ステラジアンである．

ところで，現在の私たちは星の等級以上に地震の強さに

関心があろう．最近の日本の大きな地震を記しておこう
（次の表）．

　この表で M は地震の大きさマグニチュードを表す．中
越地震のマグニチュードはそれほど大きくなかったが，小
千谷市を震源地とする直下型の地震であったために大きな
被害を出した．一方，2003 年の十勝沖地震はマグニチュー
ド 8 ときわめて大きかったものの，震源地が十勝沖の海底
であったために，出光興産の精油所のタンクが炎上するな
どの被害があったが比較的被害は少なかった．ちなみに，
1995 年 1 月 17 日に発生し大きな被害を出した阪神淡路大
震災のマグニチュードは 7.2 とされている．また，2004 年
12 月 26 日に発生し，大きな犠牲者を出したスマトラ沖大
津波の原因となった大地震のマグニチュードは 9.0 とされ，
東日本大震災のマグニチュードも 9.0 であった．

　震度は地震のとき人体が受ける感覚や建物の被害などを
もとに 10 段階に分けられている．気象庁による説明では
震度 6 弱は「立っていることが困難になる．固定していな
い家具の大半が移動し，倒れるものもある．ドアが開かな
くなることがある．壁のタイルや窓ガラスが破損，落下す
ることがある」ような地震である．震度に対してマグニ
チュードは地震の大きさ，強さを示す単位である．マグニ
チュードはアメリカの地震学者リヒターが提案した単位で
あり，外国ではマグニチュード 7.1 といわずに「リヒ
ター・スケールで 7.1」という言い方をする．（上に出てき
た星の等級を英語ではマグニチュードというのでまぎらわ

最近の主な地震

年月日	震央地名または地震名	M	震度
2000 年 10 月 6 日	鳥取県西部地震	7.3	6 強
2003 年 5 月 26 日	宮城県沖	7.0	6 弱
2003 年 9 月 26 日	十勝沖地震	8.0	6 弱
2004 年 10 月 23 日	新潟県中越地震	6.8	7
2005 年 8 月 16 日	宮城県沖	7.2	6 弱
2007 年 3 月 25 日	能登半島地震	6.9	6 強
2007 年 7 月 16 日	新潟県中越沖地震	6.8	6 強
2008 年 6 月 14 日	岩手・宮城内陸地震	7.2	6 強
2011 年 3 月 11 日	東日本大震災	9.0	7
2016 年 4 月 14 日	熊本地震	6.5	7
4 月 16 日		7.3	7
2018 年 9 月 6 日	北海道胆振東部地震	6.7	7

しいことによる.）マグニチュードの定義でも対数が直接使われている.すなわち,マグニチュードは特別に決められた型の地震計が震源地から 100 km 離れたところに置かれているときに記録する振れの最大値を単位 μm $(10^{-6}\,\mathrm{m})$ で測ったときの数値の常用対数 log である.このように定義すると,マグニチュードが 1 違うと地震の強さは 30 倍違うことになる.

今日ではリヒターの定義にさまざまに変更を加えた形でマグニチュードが定義されているが,振幅の常用対数をとることでは基本的に一致している.我が国の気象庁が使用している定義式は 2003 年 9 月 24 日までは

$$M = \log A + 1.73 \log D - 0.83$$

であった．ここで，A は観測点の地面の動きの最大の振れ（μm を単位にとる），D は観測点から地震の震源地までの距離（km が単位）を表す．他にもさまざまなマグニチュードの決め方が『理科年表』に記されている．

2003 年 9 月 25 日以降は

$$M = \log A_a + \beta_D(\varDelta, H) + C_D$$

$$(A_n, A_e \text{ の単位 } 10^{-6}\,\mathrm{m})$$

と定義されるようになった．ここで A_a は中周期変位型地震計による水平動最大振幅，β_D は震央距離と震源震度の関数（距離減衰項），C_D は補正係数である．

地震が発するエネルギーの大きさ E（単位ジュール J）とマグニチュード M との関係は

$$\log E = 4.8 + 1.5M$$

で与えられる．したがって，マグニチュードが 1 違うと発するエネルギーは $10^{1.5} = 10^{\frac{3}{2}} = \sqrt{1000}$ 倍となり，これはほぼ 32 倍である．また，マグニチュードが 2 違うと発するエネルギーは $10^3 = 1000$ 倍違う．$32 = 2^5$ であるので，マグニチュードが 0.1 違うとエネルギーはほぼ $\sqrt{2} = 1.4142\cdots$ 倍違うことになる．このように，マグニチュードの違いを小数の小さな違いと思っていると大きな誤解を生みかねない．

関東大震災はマグニチュード 7.9 であり阪神淡路大地震のマグニチュード 7.2 とは 0.7 の違いがある．これは，地震の強さで関東大震災の方が $32^{0.7}$ 倍大きかったことを意

味する.

$$32^{0.7} = 2^{3.5} = 2^3 \cdot \sqrt{2} = 11.31 \cdots$$

であるので約 11 倍も強さが違うことになる. 阪神淡路大地震が関東大震災の $\dfrac{1}{11}$ の規模の強さであったのに大きな被害を出したのは, 大都市の直下型の地震であったためである. また, 地震そのものだけではなく, 地震が引き金となって生じた火災が被害を大きくしたことは関東大震災のときと同様である.

《研究課題》 上記の表のように, 2003 年に北海道で起きた十勝沖地震のマグニチュードは 8.0 である. マグニチュード 7.9 の関東大震災や阪神淡路大地震の何倍の強さの地震であったかを計算してみよう. また, 1960 年に我が国へも 6 メートルの津波が押し寄せ多数の死傷者をだしたチリ大地震のマグニチュードは 9.5 であった. 阪神淡路大地震や東日本震災と強さを比較してみよう.

以上の分数ベキの計算は対数表を使うか, 関数電卓を使う必要がある. 関数電卓には x^y を計算してくれるものがある.

マグニチュードは地震の強さを表すが, 地震ではそのほかにガルという単位が使われることがある. ガルは近代物理学誕生の父ガリレオ・ガリレイにちなんでつけられたものであり, 加速度の単位を表す.

$$1 \text{ ガル} = 1 \text{ cm/s}^2 = 0.01 \text{ m/s}^2$$

である．したがって，地上の重力加速度はほぼ 980 ガルである．特に，980 ガルの地震では自分の重さと同じだけの力が地震で加わることになる．建物の耐震基準は 980 ガルの 0.2 倍まで，すなわち自分の重さの 2 割までの力が加わっても大丈夫であるように作られている．しかし，2007 年の新潟県中越沖地震のときは柏崎刈羽原発の 1 号機，3 号機，6 号機のそれぞれのタービン建屋 1 階で 1862 ガル，2058 ガル，1541 ガルの揺れが測定された．また 2011 年の東日本大震災のとき，福島第一原発では 1260 ガルであった．従来の耐震基準では建物が地震に対して安全とはいえないことが立証されたことになる．

　ちなみに，我が国の原子力発電所は直下型に関してマグニチュード 6.5 までの地震しか想定していなかった．原子力発電所の敷地内に活断層がないからこれくらいの想定で十分というのが説明であった．しかし，活断層は従来考えられていたよりはるかに多くあることが分かり，原発敷地内の断層が活断層であるか否かの詳しい調査が行われている．

　日本に住んでいると小さな地震があるのは当たり前と思うが，これは日本列島のおかれた地理的な条件による．筆者は昔ドイツで 3 階建て住宅の建設現場を見たことがあるが，ブロックに鉄心を通すことなくただ積み上げていくだけの工法に驚いたことを覚えている．日本ではブロック塀の建設でも，もう少し強度を考えた工事をしている．地震

がまったくない国では建物の耐震性をほとんど考慮する必要はないのである．ローマ時代の建造物の一部が今でも残っているところがヨーロッパにはたくさんある．日本であれば，地震でとうの昔に倒壊してしまったと思われるものが多い．こうした風土の違いは建物だけでなく，人々の考え方にも大きな影響を与えているように思われる．

　さて，この節では対数を定義に使うもう一つの単位の例として，化学で重要な pH をあげておこう．pH はかつてはドイツ語式にペーハーと読むことが多かったが，現在ではピーエッチと呼ぶ方が普通のようである．pH は Potential of Hydrogen の頭文字をとったもので，水素イオン濃度と呼ばれる．pH を定義するためにはモルという単位を考える必要がある．1 モルは厳密には 0.012 キログラム，すなわち 12 グラムの炭素 12（^{12}C）に含まれる原子の個数と同数の原子や分子やイオンなどの集団の量を表す．問題の ^{12}C の個数はアボガドロ数と呼ばれ 6.022142×10^{23} であることが知られている．したがって，1 モルは 6.022142×10^{23} の集団からなる物質量と考えることができる．

　さて 25℃での 1 リットルの純水には 10^{-7} モルの水素イオン H^+ と同じ量の 10^{-7} モルの水酸イオン OH^- が含まれていることが実験によって確かめられている．したがって純水 1 リットル中には 6.022142×10^{16} 個の水素イオンがあることになる．さらに実験によると，純水に限らず何らかの化学物質を含んだ希薄な水溶液 1 リットルに水素イオ

が$[H^+]$モル含まれ，水酸イオンが$[OH^-]$モル含まれているとすると，

$$[H^+]\cdot[OH^-] = 10^{-14}$$

がつねに成り立つことが知られている．そこで，水溶液のpHを

$$pH = -\log[H^+]$$

と定義する．純水のpHはしたがって7である．pHが7のとき中性であるという．pHが7より小さいと水素イオンの個数が純水の場合より多くなり，この場合は酸性である．たとえばpHが5であるときは水素イオンが1リットル中に10^{-5}モル，個数でいえば6.022142×10^{18}個あり，純水の水素イオンより100倍多く存在していることが分かる．pHが7より大きいときは水素イオンが純水の場合より少なく，この場合は水溶液はアルカリ性であるといわれる．

　以上のように，対数は私たちの身近なところで使われる単位を定義するのに重要である．現在の中等教育では対数は数学，pHは化学，星の等級やマグニチュードは地学とばらばらに教えられているが，実際にはpHやマグニチュード，ウェーバー–フェヒナーの法則や音階のことを同時に学習することで対数の考え方をはっきりさせることができる．数学は役に立たないとよく言われるが，対数のようなそれだけ学んでもわけが分からないものが，私たちの身近に使われる単位を決めるために活躍していることを知るだけでも新鮮な驚きであろう．

2.7 放射線被曝の単位

この節では 1999 年 9 月 30 日の東海村の臨界事故で問題
となった放射線被曝の単位シーベルトについて考える．私
たちの年間の法的な限度量は 1 ミリシーベルトであるとよ
くいわれるが，これがどのような単位であるのか大変分か
りづらい．放射線と関係する作業をする人たちの法的な限
度量はこの 50 倍の 50 ミリシーベルトとされている．こう
した作業では，被曝の危険性を考慮して厳重に管理がされ
ていると報告されているが，実態は明らかではない．原子
力発電所での作業は下請けのそのまた下請けに任されるこ
とが多く，正式に出されている報告書と実態とは違ってい
るという指摘もなされている（[21]）．私たちが，電気を
使った快適な生活をしている裏側で，原発の下請け労働者
が大量の被曝を余儀なくされているかもしれないことを真
剣に考える必要があろう．

さて，シーベルトが表しているのは人体の 1 グラムあた
りどれだけのエネルギーを吸収したかという，放射線の吸
収線量である．放射線のエネルギーによって電離作用がお
こり，人体を構成するタンパク質や細胞核内の遺伝子の化
学結合を切ったりつなぎ変えたりする．その結果ガンが生
じる可能性があり，遺伝に悪影響を与える危険性が出てく
る．

シーベルトの定義だが，これまで出てきた単位以上に分
かりにくい定義になる．まず，物質 1 キログラムに 1 ジュ
ールのエネルギーが与えられたときの吸収線量を 1 グレイ

と定義する．1ジュールのエネルギーとは1ニュートンの
大きさの力が，力の方向に物を1メートル動かすときの仕
事，もしくはその仕事に相当する熱量のことであり，ほぼ
0.239カロリーにあたる．1ニュートンは1キログラムの物
体に$1\,\mathrm{m/s^2}$の加速度を与える力である．ちなみにカンデ
ラの説明のとき使った仕事率の単位ワットに関しては，毎
秒1ジュールの割合で仕事をする仕事率を1ワットと定義
する．したがって100ワットの電球は毎秒100ジュールの
熱量を出していることになる．カロリーでいえばほぼ23.9
カロリーの熱量を出していることになる（カロリーという
単位は用途によって単位の決め方が違っていて，大きさが
微妙に違っている（[1] p. 76））．

　放射線ではエネルギーの大きさだけでなく，中性子線や
アルファ線（水素の原子核）であれば同じエネルギーを持つ
ガンマ線より細胞に与える影響が大きい．この影響を加味
して，アルファ線，ベータ線，ガンマ線ごとに吸収線量に
ある係数（ガンマ線を1としたとき，アルファ線は20，中
性子線はエネルギーの大きさによって5から20の違いが
ある）をかけたものを線量当量といい，その単位としてシー
ベルトが使われる．東海村の臨界事故の際に測定された
線量当量率に関する1.8節で紹介したグラフ（[22] p. 21）
の線量当量ではマイクロシーベルト（シーベルトの10^{-6}
倍）が使われている．1時間あたりどれだけの線量当量を
浴びたかを与える量が線量当量率であり，単位はマイクロ
シーベルト/時間（μSv/h）で与えられている．ただし，す

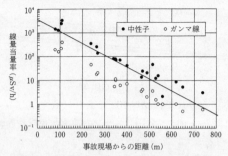

9月30日20時45分頃のJCO周辺の線量当量率測
定結果[22]の図に直線をつけ加えた

でに注意したように，グラフの目盛りは対数的にとられて
いる．

　グラフの横軸は1目盛りが100メートルであり，縦軸の
目盛りにはグラフに記された数値の常用対数をとる（した
がって，目盛り1のところが0，目盛り10^{-1}のところは
−1になる）ことにすると，中性子線の線量当量率の変化
はほぼ直線で表され，その式の傾きはほぼ$-\dfrac{1}{2}$である
（実際はもう少し傾きはゆるやかにとった方がよいが簡単
のためにこう仮定する）．直線の式はだいたい

$$y = -\frac{1}{2}x + \frac{7}{2}$$

である．したがってJCOからaメートル離れた地点での
中性子による線量当量率をbマイクロシーベルト/時間と

すると $x = a/100$, $y = \log b$ であるので

$$\log b = -\frac{1}{2}\cdot\frac{a}{100}+\frac{7}{2}$$

が成立する．これから

$$b = 10^{\frac{7}{2}}\cdot 10^{-\frac{a}{200}}$$

を得る．この式では $a = 100$ であれば $b = 10^3$, $a = 400$ であれば $b = 10^{\frac{3}{2}}$ となり，グラフの数値とかなり近いことが分かる．

　ところで以前は，シーベルトのかわりにレムという単位が使われた．1 シーベルト ＝ 100 レムである．これまでの放射線医学では 6 シーベルトの放射線を浴びるとほぼ 100％の人が死亡，3〜4 シーベルトで半数が死亡といわれていた．東海村の臨界事故では，作業をしていた大内さんの推定被曝量は 18 シーベルト，篠原さんは 10 シーベルトといわれている．二人とも懸命な治療の甲斐なく死亡した．放射線の被曝では体表面だけでなく，体内の細胞もやけどに似た症状をおこし，大量の輸血と大量の鎮痛剤の投与を行うほかに有効な治療法はなかったようである．

　《研究課題》　東海村の臨界事故調査委員会の報告書の最終章「事故調査委員会委員長所感(結言にかえて)」の中で吉川弘之委員長は「株式会社ジェー・シー・オー東海事業所において起こった臨界事故は，定められた作業基準を逸脱した条件で作業者が作業を行った結果，生起したものである．従って直接の原因は全て作業者の行為にあり，責め

られるべきは作業者の逸脱行為である.」と述べている
（[23]，[24] p. 243）．しかし，『青い閃光』[24]の p. 205 に
よれば実際に作業を行った 2 人は，沈殿槽を使うことに対
して許可を得るようにもう一人の仲間に依頼していた．依
頼された人は核燃料取扱主任者の資格を持つ製造計画グ
ループの主任に相談し，主任から「大丈夫だろう」と許可
を得ている．沈殿槽には臨界量をこえたウランを入れるこ
とが可能であり，作業に使ってはいけない装置であった．
臨界の危険性を知っていなければならない核燃料取扱主任
者が許可を与えていた以上，事故は決して直接作業を行っ
た人たちだけが起こしたものではない．

　実際に作業を行った 2 人に，ウランの臨界量に対する教
育を JCO は行っておらず，そうであるからこそ，かれら
は沈殿槽を使う許可を会社に求めたのである．会社は作業
を行う人たちに対して，何が危険であるかを事前にきちん
と説明する義務があるはずである．さらに，このような杜
撰な会社の体制を監督できなかった当時の原子力安全委員
会の責任も，また，事故が起こったとき，適切な判断がで
きなかった原子力安全委員会が結果として事故を長引か
せ，必要以上の被曝を住民に強いた責任も最終報告書はき
ちんと取り上げていない．

　上記の「委員長所感」の文章は国の責任を問わないよう
にする問題の巧妙なすり替えでしかない．なぜ，我が国で
はこのような，問題のすり替えが行われるのであろうか．
また，なぜ問題のすり替えにほとんどの国民が問題を感じ

ないのであろうか．自分の問題として考えてみよう．『水
俣が映す世界』[25]は考えをまとめる上で参考になろう．

　さらに，私達自身が，このような事故に遭遇したとき，
国は私たちの安全を本当に守ってくれるのか，もし，守っ
てくれないのであればどうしたらよいのか，本当の対応策
があるのかを皆で考えてみよう．

　原子力発電は核分裂から生じるエネルギーの $\dfrac{1}{3}$ しか利
用していない．$\dfrac{1}{3}$ は熱廃水として外部に（我が国では海
に）捨てられている*)．この熱廃水を天然ガスを使って追
い炊きし，熱効率を飛躍的に高める研究も我が国で行われ

---

　*) 　この文章が『数学セミナー』に載せられたときに，一読者か
ら「この文章は反原発の政治的文章だ」と抗議の手紙を受けた．
事実を述べることがなぜ政治的であるのか，事実を事実として認
識できない日本人の弱さを表す読者からの手紙であった．その
後，2006年11月から2007年3月にかけ，電力会社が原子力発
電所の重大事故をたくさん隠し，また記録を改竄隠蔽していたこ
とが明るみに出た．なかでも，北陸電力志賀原発1号炉で1999
年6月18日に制御棒3本が脱落して臨界状態になった事故が
2007年3月15日まで隠されていたことは大きな驚きであった．
　また，このことに対して，日本の世論もそれほど敏感には反応
しなかった．これほどまでにひどい事実隠しが行われていたこと
に，原発の現地以外のほとんどの人が無反応であるのは，日本で
の原発の安全性はまったく保証されていないことを示していると
しか思えない．

ている。電力会社にこの方式を提案にいった人の話による
と、電力会社では原子力発電と火力発電とは別の部署に
なっていて、部署が違うからと相手にしてもらえなかった
そうである。これが「科学・技術大国」日本の現実であ
る。

ところで、東海村で核分裂を起こしたウランはわずか1
ミリグラムであった。広島の原爆は約1キログラムのウラ
ンが核分裂を起こした。100万キロワットの原子力発電所
では1年間に1000キログラムのウランが核分裂を起こし
ている。広島の原爆は TNT 火薬換算で15キロトンとい
われている。全世界では1993年時点で、推定9700メガト
ン＝9700000キロトン＝97億トンの核兵器があった。そ
の後核軍縮で減少したが、現在は再び増加しようとしてい
る。20世紀の科学・技術はこのように化け物のような世
界を作っているのである。

この節の内容に関しては[26]、[27]が多くの示唆を与え
てくれた。東海村の臨界事故に関して問題点が鋭く取り上
げられている。

本書を執筆後東日本大震災の大津波で福島第一原発がメ
ルトダウンする大事故が起こり、多くの人が避難を余儀無
くされた。2022年12月現在でも、放射能汚染で生活でき
ない地域が残されている。福島第一原発事故の際、NHK
のニュースで成田ニューヨーク間のフライトで乗客は大体
0.19マイクロシーベルトの放射能を被曝する。現在の地点
での放射線当量は0.1マイクロシーベルト/時だから、成

田ニューヨーク間のフライトより少ないので問題ないと，原発の専門家と称する人物が話をし，ニュースキャスターも何の疑問も呈しなかったのには驚かされた．時速 50 キロメートルは距離 100 キロメートルより小さいと言われて何の疑問も持たないことと同じである．このときほど，量的把握の重要性を感じたことはなかった．福島第一原発事故に関しては考えなければならない問題は多い．多くの本が出版されているが，[34]，[35]を参考に，考えを深めてほしい．

2.8　伊能忠敬

　この節では伊能忠敬(1745-1818)を取り上げる．伊能忠敬は近年はテレビ等で取り上げられ，また忠敬の歩いた道をたどる「伊能ウォーク」によって多くの人にその業績が知られるようになってきた．伊能忠敬は総合学習の題材としては興味深いものがある．ここでは，測定という観点から忠敬の測量をまず取り上げる．測定に関しては「ものさしの科学」(http://jvsc.jst.go.jp/live/monosashi/index.htm)が大変面白いホームページである．忠敬についても触れている．

　伊能忠敬の略歴については，たとえば『伊能忠敬の歩いた日本』[28]の第一章を参照されたい．忠敬は佐原の伊能家に婿入りして酒造業，運送業，金融業など，今日でいえば総合商社に近い事業を行い莫大な利益を上げた．寛政 6 年(1794 年)49 歳で隠居して，江戸に出て天文・暦学を志

し,幕府天文方高橋至時(1764〜1804)に師事した.至時は
忠敬より 19 歳年下であった.

当時,高橋至時は改暦の作業を行っていた.その際,地
球の大きさが問題になっていたこともあって,忠敬は地球
の大きさを測ることに関心を持ったようである.彼は,浅
草にあった江戸幕府の暦局と深川黒江町の自宅との緯度の
差が 1 分半であることに注目し,暦局と自宅との正確な距
離を測ることによって緯度 1 度の長さを見出そうと試み
た.江戸の町中で縄を張って測量を行うことは私的には
できなかった.忠敬は誰にも気づかれないように歩測で測量
を行った.また,道の曲がり角は懐中用磁石で密かに測っ
たと思われる.その結果は「黒江町・浅草測量図」として
残されている([29] p. 52, [30] p. 48-49, また[30]の裏
表紙の裏のページに「黒江町・浅草測量図」と現在の地図
とが載せてあり,比較することができる).

歩測が正確であるためには,歩幅を一定にして歩く訓練
を行う必要がある.江戸の町を歩いて測量を行っていると
忠敬が奉行所に訴えられ,夜の町を散歩するときは風邪に
気をつけるように,との大岡裁きのドラマを筆者は昔ラジ
オで聴いた覚えがあるが,名奉行といわれ大岡政談を生ん
だ大岡忠相(1677-1751)とは時代が合わないことに,この
文章を書くまでうかつにも気がつかなかった.ところで,
忠敬の歩幅は約 69 センチメートルであったと計算されて
いる([30] p. 142).

忠敬は歩測によって暦局と自宅との直線距離は 22 町 45

間, 方向は北に 350.4 度であることを見出した. 忠敬の使った単位では 1 尺は 30.3 センチメートルである. 1 間は 6 尺, 1 町は 60 間である. したがって 1 間は

$$0.303 \times 6 = 1.818 \text{ メートル}$$

である. これより, 22 町 45 間は

$$1.818 \times (22 \times 60 + 45) = 2481.57 \text{ メートル}$$

となる. したがって, 忠敬の測定によれば緯度 1 分の距離は

$$\frac{1}{1.5} \times 2481.57 \times \cos 9.6° = 1631 \text{ メートル}$$

となる. 『理科年表』によれば, 北緯 35 度付近での緯度 1 分の距離は 1849.2 メートルである. 忠敬の測定結果はきわめて精度が悪かった. これは, 歩測の誤差だけでなく, 測定する距離が短すぎたことにもよる.

　この結果はおそらく高橋至時に報告され, 至時は測定結果の精度が悪いことを指摘したであろう. このとき, もっと大きく離れた地点間の測定の必要性を指摘したものと思われる. 忠敬が寛政 12 年 (1800 年) に東北地方と北海道の測量を開始したとき (第一次測量), 地図の作成が表向きの理由であったが, 本当の目的は緯度 1 度の長さの決定であったと推測されている. 第一次測量と第二次測量 (1801 年) の結果, 忠敬が得た測定値は 1 分の距離が 1845.63 メートルであった. 今日の正確な距離 1849.2 メートルにきわめて近い値を得ている. 測量の精度が格段に向上したことが分かる.

　ところで，忠敬は歩測によって日本全土を測量して歩いたという誤解が根強くあるが，歩測による測量は第一次測量だけである．第二次測量以降は間縄（「けんなわ」と読む，1間ごとに目盛りをつけた縄，忠敬は当時普通に使われていた苧麻からつくられた縄を使った）を使って測定した．ただ，間縄は価格は安いが，強度が弱く，水による伸縮の差が大きかった．そこで，第三次測量（1802年）以降は，1尺の長さの鉄線を60本つないだ鉄鎖を間縄と共に使うようになった．また，高橋至時の設計といわれ，車の回転数で距離を測る「量程車」も第二次測量以降使われたが，当時の街道は凹凸が激しく，二地点の正確な距離を測るのにはほとんど役に立たなかったと伝えられている．

《研究課題》　100メートル，または50メートルを歩いて歩数を調べ，平均値として歩幅を求めてみよう．クラス全員の歩幅を求めてみよう．歩幅と身長を軸として結果を2次元のグラフに記してみて，身長と歩幅の間に関係があるかどうかを調べてみよう．
　また，歩く速さを変えて，歩数と歩幅の変化を調べてみよう．特に，歩いたときと，走ったときの歩数と歩幅の違いを調べてみよう．

　ところで，忠敬の測量は高度な技術を用いるよりは，単純な技術を用いながら，測定の誤りを回避することに力を注いでいる．図のように二点間の直線距離を測り，また，

各屈折点で直線間の角度を測る．そのときも，角度が正確になるように地点①では磁石を使って直線①-②の北に対する方角を測り，地点②では直線②-①の南に対する方角を測り，両者の平均を取ることによって，直線の傾きを正確に求めるようにした．この方法は導線法と呼ばれた．

　さらに，各屈折点から見える寺院の屋根や木の梢などの目標物を定め，その方位を正確に測定した．その結果を使って測定値が間違っていないかどうかを判定した．次の図で②-③間の距離を間違って測定し，図上で③の位置を得たとする．地点④から測定した目標物の方位を描くと，目標物の位置が図上で1点に定まらないことになる．

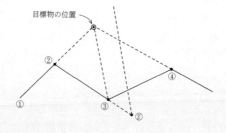

　このようにして，測定の間違いを発見することができた．この方法は交会法と呼ばれた．導線法と交会法を徹底的に活用することによって忠敬は正確な測定結果を得た．忠敬は昼間は測定を行い，夜は交会法を使って測定に間違いがないかを調べた．また，夜は天体観測を行っている．

　忠敬の測量は単調な忍耐のいる仕事の連続であった．また，傾斜がある地点では勾配を測り，平面での直線距離を三角関数表（割円八線対数表と呼ばれ，三角関数値の対数を記したもの）を使って計算した．忠敬が使った割円八線対数表には，数表の数値の間違いが朱筆で直してある．測定値の計算をしているときに，計算が合わずに，数表の間違いに気がついたものと思われる．このことに関しては小沢健一氏の研究がある（『数学のたのしみ』10号，1998年）．

　忠敬の測量は文化13年（1816年）の第十次測量で終了した．第一次測量から実に16年後のことである．測量結果をもとに忠敬は日本全図『大日本沿海輿地全図』の作成に取りかかったが，完成を待たずに1818年に死去した．没後，忠敬の門人達の努力によって1821年に『大日本沿海輿地全図』は完成した．日本全図の作成の過程で，忠敬が作成したそれぞれの地域の地図をつなぎ合わせると誤差が生じることが分かった．これが，地図の作製が遅れた主要な原因であった．小さな地域の測量では，地球の半径がきわめて大きいので地球は平面であると考えてもそれほど不都合は生じない．しかし，日本全体を平面上に記そうとす

ると地球が球体であることを無視することはできなくな
る．どのような投影法を使って球面上の図形を平面に表現
するかが問題となる．忠敬と門人達がこの問題を完全に解
決した上で『大日本沿海輿地全図』を完成したかどうか定
かではない(完全には解決できなかったようにも思われ
る)．

　忠敬が測量を行った時代には，我が国では経度の正確な
測定を行うことは難しかった．忠敬は一日に約5万9千回
振動する振り子時計「垂揺球儀」を使って太陽の正中時刻
から次の日の正中時刻までを正確に計り，一太陽日の長さ
を計った．さらに日食，月食の開始時刻を「垂揺球儀」を
使って正確に計り，江戸，大阪の測定値と比較して経度の
計算を行おうとしたが，不充分な結果しか得られなかっ
た．そのため，作成された日本全図は南北に離れるほど東
の方にずれているそうである．同時代のヨーロッパではク
ロノメータ(経線儀)が完成されて使われていた．

　伊能忠敬のつくった地図とその写しのいくつかがヨー
ロッパに伝えられている．また，歴史的にはシーボルト事
件を引き起こしたことでも知られている．シーボルト
(1796-1866)は1823年オランダ商館の医師として来日し，
我が国の動植物，地理，歴史，言語に興味を持って研究
し，また，長崎に鳴滝塾を開いて，西洋の医学を教えた．
1828年シーボルトの帰国の際，彼の荷物を積んだ船が難
破し，彼の荷物から国外に持ち出しが禁止されていた日本
地図が発見された．これは，高橋至時の長男で至時の死

後，幕府天文方に任じられていた高橋景保(1785-1829)が，1826年江戸に来たシーボルトに対して忠敬の作成した地図の写しを，シーボルトが持っていたクレーゼンシュテルンの『世界一周記』やオランダ属領新地図などと引き替えに渡したことに起因している．景保は1828年シーボルト事件によって獄につながれ翌年獄死した．シーボルトに対しては国外追放，再入国禁止の処分が行われた．また，景保の配下の者，オランダ通詞のほか多数の関係者，洋学者が処罰され，蛮社の獄に先立つ洋学者弾圧事件となった．

シーボルトは帰国後大著『日本』を，さらに『日本動物誌』，『日本植物誌』を著し，日本を種々の側面からヨーロッパに紹介した．我が国特産の動植物の学名の多くはシーボルトの持ち帰った標本に基づいている．オランダのライデン大学に保存されている植物標本の一部が東京大学に寄贈され東京大学総合博物館で保管されている(http://www.um.u-tokyo.ac.jp/publish_db/2000Siebold/index.html)．シーボルトはアジサイを Hydrongea otaksa と名付けたが，otaksa はお滝さんこと楠本滝にちなんでいる．シーボルトは楠本滝との間に娘いねをもうけた．楠本いねは我が国最初の女医となったことで知られている．シーボルトは高橋景保からもらった地図をヨーロッパに持って帰ることはできなかったが，その地図の写しを密かに持ち帰り，『日本』のなかで我が国とその近隣の詳細な地図をヨーロッパに紹介した．シーボルトは日蘭通商条約が締結された翌年1859年に再び来日し，幕府の外交顧問になって1862年ま

で滞在した.

　ところで,大変奇妙なことであるが,忠敬が中心となっ
て作成された日本地図は多くの写しが作られたが,江戸時
代にはほとんど活用されなかった.活用されたのは明治時
代になってからである.それと共に,偉人「伊能忠敬」が
さかんに顕彰されるようになった.

≪研究課題≫　伊能忠敬が 55 歳から測量を開始して,16
年間もかけて日本全体を測量していったことが最近は注目
されている.これは,我が国が高齢化社会に向かっている
ことに関係している.このように歴史はどのような視点に
立つかによって見方が変わってくる.鹿野政直著『歴史を
学ぶこと』[31]を読んでこの問題を考えてみよう.(ただ
し,筆者は文献[31]の著者の記述には疑問を持っている.
たとえば,この本で水俣について述べた所があるが,きわ
めて表面的な記述で終わっている.そこには,歴史の動き
の中で,被害者でありかつ加害者でありうるという事実が
指摘はされているが,それ以上の追及が行われていない.
「中国残留孤児」という言葉が新聞やテレビに登場するが,
この言葉には敗戦後,中国に置き去りにされてしまった子
ども達の苦悩と,置いてこざるを得なかった親たちの苦し
みと,そうした苦しみを起こした国の責任は不問にされた
言葉である.この言葉と似たものを[31]に筆者は感じる.)
　さらに,少々内容は高度になるが,江戸時代を見る目が
どのように作られてきたのかを論じた本として,主として

江戸時代の思想家をあつかった『江戸思想史講義』[32]を
挙げておく.

≪研究課題≫ シーボルト事件について調べてみよう. ま
た, 蛮社の獄について調べてみよう. なぜ, 江戸時代に長
い間鎖国を続けることができたのか, また, なぜ鎖国政策
は最後に破綻したのか, 江戸時代の我が国の経済活動と
ヨーロッパの経済活動を比較する観点から調べてみよう.

≪研究課題≫ シーボルト事件とそれに続く蛮社の獄は政
治的な事件であるが, その根底に異文化との衝突の問題を
考えることができる. 新井白石とイタリア人宣教師シドッ
チとの問答をもとに記された『西洋紀聞』[33]を読んで,
白石の西洋文明に対する見方を検討してみよう. 白石は西
洋の学術は物質的な面で優れているが, 思想, 道徳の面で
は劣っているとした. この考え方は和魂洋才という言葉に
代表される明治時代以来の我が国の知識人の西洋文明観の
始まりであると見ることができる.

≪研究課題≫ 地図は球形に近い地表を平面に表したもの
と考えることができる. 球形をどのようにして平面に投影
するかによって種々の異なる地図の作り方が考えられる.
航海に便利であることも手伝ってよく使われたのがメルカ
トール図法であった. 伊能忠敬の作った日本全図はサムソ
ン図法に近いといわれている. さまざまな地図の作り方を
調べ, さらにその長所, 短所を調べてみよう. (たとえば,
平凡社『世界大百科事典』の「地図」の項目を参照せよ.)

≪研究課題≫ 世界地図の中で日本がどのように描かれて

きたか調べてみよう．ちなみに，我が国で本格的な日本全
図が作られたのは江戸時代になってからである．正保元年
(1644 年)に描かれた日本地図は実測に基づいた地図では
ないがかなり正確である(『忠敬と伊能図』[30] p. 78)．そ
の後，享保 4 年(1719 年)に作られた日本全図は和算家建
部賢弘が中心になって作成されたことで有名である．和算
史によるとこの地図は現存していないとされていたが，実
際は写しが国立歴史民俗学博物館に所蔵されている([30]
p. 79)．また，広島県立歴史博物館に委託されている守屋
壽コレクションの中に測量原図が残されていることが
2014 年に発見された([36])．

2.9　SI 単位系

　この章はいささか長くなりすぎたので，最後に単位系に
ついて簡単に述べてこの章を終わることにする．この章で
も，すでに頭が痛くなるほどたくさんの単位が登場した．
たくさんの単位が氾濫するようになって，初めて種々の単
位の交通整理をする必要が認められるようになり，1960
年の第 11 回国際度量衡総会で話し合いが成立し，メート
ル法を基本とする一本化した単位系が誕生した．それが国
際単位系である．フランス語の Système International
d'Unités の頭文字をとって SI あるいは SI 単位系という．
SI 単位系は統一性と合理性，精密性を中心に定められて
おり，日常生活の実感からはほど遠い単位が使われること
があり，そのことが国際単位系を分かり難くしている．

SI 単位系で一番の基本となる単位(基本単位と呼ばれる)は

長さの単位「メートル」(m),

質量の単位「キログラム」(kg),

時間の単位「秒」(s)

である. この基本単位をどのように定めるかはすでに述べた. しかし, これだけでは基本単位として不足するので, さらに

電流の単位「アンペア」(A),

温度の単位「ケルビン」(K),

物質量の単位「モル」(mol),

光度の単位「カンデラ」(cd)

を基本単位に追加している. アンペアは日常的によく使われるおなじみの単位だが, 正確な定義は意外と面倒である. 温度の単位ケルビンは絶対 0 度(摂氏 −273.15 度)を 0 度とし水の氷点との間を 273.15 等分したものが 1 ケルビンに対応する. したがって摂氏とケルビンの換算は簡単で, 摂氏に 273.15 を足せばよい. さらに, 便宜上角度の単位を補助単位として SI 単位系では使う. 角度の単位は「ラジアン」, 立体角の単位は「ステラジアン」である.

他の単位はこれらの基本単位と補助単位を使って表示する. たとえば, 面積の単位は平方メートル m^2 である. 一辺が 1 m の正方形が面積の単位の基準となる. 体積の単位は同様に立方メートル m^3 である. 振動数は 1 秒間に何回振動したかを表すので 1 ヘルツは SI 基本単位を使うと

s^{-1} と表示される．これまでも何度か登場しているが，単位 A の -1 乗 A^{-1} とは，その 1 A あたりどれだけの単位が出てくるかを意味している．したがって，s^{-1} は 1 秒あたり何回振動するか（回数の単位はない）を意味する．$m \cdot s^{-1}$ は 1 秒間に何メートル進むかを意味する単位であるから，速さの単位であることは明らかであろう．加速度は 1 秒間にどれだけ速さが変化するかを示すので，その単位は $m \cdot s^{-1} \cdot s^{-1}$ となるが，通常の指数法則にならって，これを $m \cdot s^{-2}$ と記すことは自然であろう．

　ところで，放射能の単位「ベクレル」は，1 秒間に 1 個の原子崩壊を起こすときの放射能の量が 1 ベクレルである．かつては放射能の単位として「キュリー」が使われた．1 キュリーはラジウム 1 グラムがもつ放射能，1 秒間に 3.7×10^{10} 回崩壊する放射能であり，3.7×10^{10} ベクレルである．ベクレルを SI 基本単位で表せば，s^{-1} となる．このように SI 基本単位のみを使って他の単位を書き表すことで，かえって混乱する場合もおこる．したがって，ヘルツやベクレルという単位を使う必要があるわけである．一方，SI 基本単位で表せばその単位のもつ意味が明らかになる．力の単位ニュートンは SI 基本単位で表せば $m \cdot kg \cdot s^{-2}$ となる．1 キログラムの質量をもつ物体に 1 $m \cdot s^{-2}$ の加速度を与える力が 1 ニュートンであることが分かる．

≪研究課題≫　「万物は数である」といったのはピュタゴラ

スであると伝えられている．一方，『新版 単位の小事典』
[1]の本文の最後(pp. 138-139)に述べられているように，
古代ユダヤでは数量化することに問題を感じていたことを
示す文章が，旧約聖書「サムエル記下 24 章」にある．そ
こでは，ダビデ王が王国の人口調査を行ったことが悪とし
て描かれている．「サムエル記下 24 章」を読んで，数量
化することに対して，古代ユダヤの人たちはなぜ恐れをい
だいていたのかを考えてみよう．特に，偏差値に支配され
ている現在の高校教育と比較しながら考えてみよう．

　ちなみに偏差値は次のように定義される．あるグループ
に N 人いて，そのグループの人たちの試験の点数が a_1,
$a_2, \cdots, a_N$ であったとしよう．平均値 a は

$$\frac{a_1+a_2+\cdots+a_N}{N}$$

であり，分散 σ^2 は

$$\sum_{j=1}^{N}(a_j-a)^2$$

で定義される．標準偏差 σ は分散の平方根

$$\sigma = \sqrt{\sum_{j=1}^{N}(a_j-a)^2}$$

で与えられる．点数 a_j をとった人の偏差値は

$$\frac{(a_j-a)}{\sigma}\times10+50$$

で与えられる．このように偏差値は考察するグループでの
平均値からの位置関係を示すもので，異なるグループ間で

比較することのできる絶対的な位置関係を示すものではない.

●文献────

[1] 高木仁三郎著『新版 単位の小事典』,岩波ジュニア新書 262,岩波書店

[2] 石原道博編訳『新訂 魏志倭人伝・後漢書倭伝・宋書倭国伝・隋書倭国伝』,岩波文庫

[3] 吉田光由著『塵劫記』,大矢真一校注,岩波文庫

[4] 佐藤健一著『吉田光由の『塵劫記』』,研成社

[5] F. トリストラム著『地球を測った男たち』,喜多迅鷹・デルマス柚紀子訳,リブロポート

[6] S. Hildebrandt & A. Tromba : "*The Parsimonious Universe —— shape and form in the natural world*", Copernicus

[7] 松山壽一著『ニュートンからカントへ』,晃洋書房

[8] 佐藤健一著『建部賢弘の『算暦雑考』──日本初の三角関数表』,研成社

[9] 織田一朗著『時計と人間』,ポピュラー・サイエンス 207,裳華房

[10] 原亨吉編『ホイヘンス』,「科学の名著」第II期 10,朝日出版社

[11] 鈴木皇編著『とくべつ面白い理科』,岩波ジュニア新書 143

[12] S. G. ギンディキン著『ガリレイの 17 世紀』,三浦伸夫訳,シュプリンガー・フェアラーク東京

[13] 戸田盛和著『楕円関数入門』,日本評論社

[14] 高木貞治著『復刻版 近世数学史談・数学雑談』，共立
　　　出版

[15] ロックウッド著『カーブ』，松井政太郎訳，みすず書
　　　房

[16] 斎藤政彦「総合学習のよりよい構築をめざして——総
　　　合的な学習の意義とひとつの提案」総合学習学会
　　　(2000年).

[17] e-教室編・新井紀子監修『数学にときめく ふしぎな
　　　無限』，講談社ブルーバックス.

[18] ラーデマッヘル，テープリッツ著『数と図形』，山崎
　　　三郎・鹿野健訳，ちくま学芸文庫

[19] L. Badger: *"Lazzerini's Lucky Approximation of π"*,
　　　Math. Mag. **67**(1994), 83-91

[20] 野崎昭弘著『πの話』，岩波書店

[21] 堀江邦夫著『原発ジプシー』，講談社文庫

[22] 原子力資料情報室編『恐怖の臨界事故』，岩波ブック
　　　レット496，岩波書店

[23] ウラン加工工場臨界事故調査委員会報告
　　　http://www.nsc.go.jp/anzen/sonota/jco/kaigi/jco11/ind
　　　ex.html

[24] 読売新聞編集局『青い閃光——ドキュメント東海臨界
　　　事故』，中央公論新社

[25] 原田正純著『水俣が映す世界』，日本評論社

[26] 小出裕章著「問題は何か」
　　　http://www.rri.kyoto-u.ac.jp/KOUEN/kouen34/jcopdf/koi
　　　de.pdf

[27] 小出裕章著「JCO事故を考える」

http://www.rri.kyoto-u.ac.jp/NSRG/kouen/kd000211.PDF

[28]　渡辺一郎著『伊能忠敬の歩いた日本』，筑摩新書 206

[29]　渡辺一郎著『図説 伊能忠敬の地図をよむ』，ふくろう
　　　の本，河出書房新社

[30]　伊能忠敬研究会編『忠敬と伊能図』，アワ・プランニ
　　　ング発行，現代書館発売

[31]　鹿野政直著『歴史を学ぶこと』，岩波高校生セミナー
　　　I，岩波書店

[32]　子安宣邦著『江戸思想史講義』，岩波書店

[33]　新井白石著『西洋紀聞』，岩波文庫，または『新訂 西
　　　洋紀聞』，東洋文庫，平凡社

[34]　NHK メルトダウン取材班著『福島第一原発事故の
　　　「真実」』講談社

[35]　アジア・パシフィックイニシアティブ著『福島第一原
　　　発事故 10 年検証委員会　民間事故調最終報告書』
　　　ディスカヴァー・トゥエンティワン

[36]　Mathematics of Takebe Katahiro and History of
　　　Mathematics in East Asia, Advanced Studies in Pure
　　　Mathematics 79，日本数学会

3章
地球環境問題と数学

　この章では21世紀最大の問題である地球環境問題を取
り上げよう．地球環境問題は人口問題，エネルギー問題，
食糧問題を含んでいて，さらに世界中の経済活動と密接に
関係しているのでその全貌をつかむのは難しい．ここでは
典型的な問題を取り上げたい．なお，地球環境問題にはた
くさんの未知のことや不確定要素がある．立場の違い，計
算の前提となる条件の違い，どの要素を重要と見るかに
よって未来に対する予測値は大きく違ってくる．「予測値
がバラバラだからそのような事実はない」と一見科学的な
言い方をする人がいるが，この言い方こそきわめて非科学
的である．

　しかし，このような非科学的な態度が経済的な利益と結
びつくと，大きな社会問題となる．我が国の過去の公害問
題の多くが，原因特定の段階で科学を装った非科学的な態
度を政府や一部の科学者がとって，被害を大きくしてきた
ことを忘れてはならない．もちろん，未来予測はあくまで
仮説の上に立って行われる．未来予測が行われることに
よって，悪い効果を相殺する努力がなされ，結果として予
測がはずれることがあれば，その予測を行うことは充分に

意味があったことになる．このような観点も忘れてはいけ
ない．その一方で，問題点を指摘されながら一向に改善さ
れない問題もある．

　地球環境問題は問題があまりに大きすぎて，自分のこと
として捉えることができにくい点が問題を複雑にしてい
る．こうした場合，数値で全体像を捉えることが助けにな
ることが多い．たとえば，世界のエネルギーの総使用量は
石油換算で 1971 年では約 49 億 8800 万トン，1995 年には
83 億 4100 万トン，2003 年には 105 億 8000 万トン，2017
年には 140 億トンになっている．一方，2016 年の国別の
エネルギー消費量を個人あたりに換算するとアメリカでは
1 人あたり 197 ギガ・ジュール，日本は 97 ギガ・ジュー
ル，イギリスは 82 ギガ・ジュールであり，お隣の中国で
は 1 人あたり 55 ギガ・ジュール，インドは 21 ギガ・ジュ
ール，韓国は 147 ギガ・ジュールである（[1] p. 141）．こ
の数値を見ただけで多くの問題点を見出すことができよ
う．

　《研究課題》　中国とインドが日本と同じエネルギーを使用
するようになったらどのようなことが起こるかを考えて
みよう．中国の人口は約 13 億人，インドの人口は約 11 億
人である．

　こうした統計データを用いるとき，データが正しくとら
れているかがつねに問題となる．先進国のエネルギー使用

量に関しては石炭，石油，天然ガス，水力発電，原子力発電などを調べればそれほど大きな誤差が生じるとは思われないが，発展途上国のデータは集めるのが大変難しい．発展途上国では今でも薪が重要なエネルギー源であり，そのために灌木が次々と切り倒されているとときおりマスコミで報告されることがあるが，こうした燃料が統計にどのように反映されているのか筆者にはよく分からない．

3.1 地球の歴史

　地球環境問題を考えるためには地球の歴史をまず振り返っておく必要がある．これまでの研究で分かってきた地球と生命の歴史を簡単に表にすると次ページのようになる．人類が誕生して栄えるまでの時間は，地球の誕生から考えた時間のなかではほんのわずかでしかない．

　以下，もう少し詳しい歴史を記す．ただし，以下に述べられる "事実" は現在の研究に基づく推測であるので，学説によって年代的に数億年のずれが出てくることもあることに注意しよう．

　［約 48 億年前］　原始太陽の誕生．太陽のまわりをたくさんの物質が回っていた．

　［約 46 億年前］　原始地球の誕生．太陽のまわりを回転する物質から惑星が作られた．原始地球はマグマの海であった．

　［約 45 億年前］　月の誕生．火星とほぼ同じ大きさの天

体が地球と衝突し，月が誕生したと考えられている．月は地球の約 $\frac{1}{4}$ の半径を持つ大きな衛星である．

　［約40億年前］　海の出現．原始地球は冷却するにつれてマグマの中に含まれる水分と二酸化炭素が大気中に放出され，大気が形成されていった．地球ができたとき，二酸化炭素濃度は現在の数十万倍あり，酸素はほとんどなかったと考えられている．海水は大気中の二酸化炭素を溶かし込んでいった．

　［約38億年前］　原始生命の誕生．

　［約27億年前］　光合成生物の誕生，磁気圏の成立．

　光を使用することによってエネルギーを作り出す生物，シアノバクテリアが誕生した．シアノバクテリアの光合成により酸素が作られる．酸素は細胞膜や遺伝子を傷つけ，

地球と生命の誕生の歴史

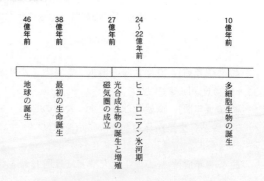

生命に害を及ぼす有毒物質であった．それまでに現れてい
た生物は酸素のない環境でしか生きられない嫌気性の生物
であった．シアノバクテリアによって作り出された酸素
は，最初は海洋中に溶け込んだ鉄を酸化させることにより
消費された．27〜20億年前の短期間に海洋中の鉄は酸化
鉄となって沈んだ．現在，鉄鉱層から得られる鉄はほとん
どがこの時期に作られたものである．

　地球内部のマントル対流が始まり，磁場強度が増大，地
球を磁気のバリアが包むようになった．それまでは太陽風
により地表に到達していた生命に有害な荷電粒子が磁気圏
のバリアに遮られるようになり，海面近くの光が届く環境
でも生命が存在できるようになった．

　［約24〜22億年前］　ヒューロニアン氷河期．

　［約21〜20億年前］　真核生物の誕生．原始真核生物は，

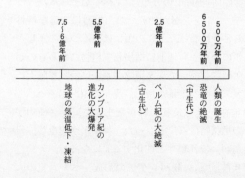

ミトコンドリアを取り込み，酸素を利用して大きなエネル
ギーを獲得する方法を得た．ミトコンドリア以外にも，べ
ん毛や葉緑素など，生命合体することによって本格的な真
核生物が誕生し，植物，動物の祖先となった．

　［約 19 億年前］　大きな大陸地殻の形成．

　［約 10 億年前］　超大陸（ロディニア大陸）の形成，多細
胞生物の出現．

　［約 7.5〜5.5 億年前］　気温低下・凍結および異常温暖化
を繰り返した．

　［約 6 億年前］　エディアカラ生物群が繁栄，5.4 億年前
頃に絶滅．

　［約 5.5 億年前］　ゴンドワナ大陸誕生，カンブリア紀の
進化の大爆発．

　それまで数十種しかなかった生物が突如 1 万種にも爆発
的に増加した．現在の生物の直接の祖先と見られる生物が
登場し，動物の門（種の上の分類）がすべて出そろった．

　［約 5 億年前］　オゾン層が形成され，生命に有害な紫外
線は防がれるようになった．この頃にはいくつかの藻類が
現れ，緑藻類のなかから地上に進出して植物になるものが
誕生し，コケ植物，続いてシダ植物が水際に沿って陸上に
進出した．大気中の酸素量が増え，現在の 10％程度へ．

　［約 3.5 億年前］　地球最初の森が誕生した．シダ植物が
繁栄し，その堆積物は石炭となった．両生類が誕生し，後
の爬虫類，鳥類，ほ乳類へと進化する元になった．

　［約 2.5 億年前］　超大陸パンゲアの形成，ペルム紀の大

絶滅,酸素大欠乏.

　海洋中においては約 96％の種が絶滅,三葉虫もこのときに絶滅した.地球気温の低下により水分が氷河となり,海面が低下し,また海中の酸素濃度が低下したとされている.それまであった大陸が合体し,超大陸パンゲアが出現.

　[約 1.3 億年前]　被子植物の誕生.

　[約 6500 万年前]　恐竜大絶滅.

　[約 500 万年前]　人類の祖先の誕生.

≪研究課題≫　地球誕生から 46 億年の歴史を,500 万年を 1 cm として紙に描いてみよう.人類の歴史に関する重要なことがらが 9.2 m の長さの中でわずか 1 cm の幅に収まってしまう.

　古生代以降は名前を付けて時代区分をすることが多い.

先カンブリア紀	46 億年から 5 億 7000 万年前
カンブリア紀	5 億 7000 万年から 5 億年前:古生代
オルドビス紀	5 億年から 4 億 4000 万年前:古生代
	(三葉虫などの軟体動物が繁栄,海底動物の多様化)
シルル紀	4 億 4000 万年から 4 億 1000 万年前:古生代
デボン紀	4 億 1000 万年から 3 億 6000 万年前:古

	生代
石炭紀	3 億 6000 万年から 2 億 8000 万年前：古生代
ペルム紀（二畳紀）	2 億 8000 万年まえから 2 億 5000 万年前：古生代
三畳紀	2 億 5000 万年から 2 億 1000 万年前：中生代
ジュラ紀	2 億 1000 万年から 1 億 4000 万年前：中生代
白亜紀	1 億 4000 万年から 6500 万年前：中生代
第三紀	6500 万年から 180 万年前：新生代
第四紀	180 万年前から現在まで：新生代

　地球が多様な変化を遂げるなかで，地球上に生命が誕生し発展していった要因には様々なことが考えられる．ここでは，最近の考え方の一つとして，熊澤・伊藤・吉田編『全地球史解読』[2]に紹介された「地球史七大事件」の図表を引用する．『全地球史解読』の主張の中心は地球のマントルと海水の運動が地球の状況と生命の進化に大きな影響を与えたとするものであり，それをこれまでの地球上で起こった七大事件としてまとめている．

　第 1 事件（45.5 億年前）　地球誕生，核・マントル・原始大気の分離，生命の材料の獲得．

　第 2 事件（40 億年前）　プレート運動の開始，大陸地殻形

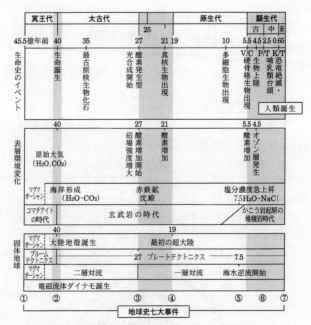

丸山茂徳・磯崎行雄著『生命と地球の歴史』(岩波新書)より

成の始まり，生命の誕生．

第3事件(27億年前) マントルオーバーターン(高温の下部マントルが上部マントルと入れ替わる)，全マントル対流の開始，磁場強度の増大，生命の浅海への進出と光合成の開始．

第4事件(19億年前) マントルオーバーターン，最初の

超大陸の誕生，真核生物の誕生．

第 5 事件(7.5 億年前)　海水の逆流開始，ロディニア超
　　大陸の分裂，太平洋スーパープルーム(マントル内の
　　大規模な上昇流と下降流)の誕生，酸素の増加，大型
　　多細胞生物の誕生．

第 6 事件(2.5 億年前)　アフリカスーパープルームの誕
　　生，古生代・中生代境界での史上最大の生物大量絶
　　滅．

第 7 事件(500 万年前)　人類の祖先の誕生．

　この説に従えば，地球の地質学的変化が環境の変化を起
こして生命の進化をもたらしたことになる．今日，私達が

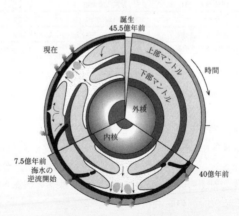

熊澤・伊藤・吉田編『全地球史解読』[2]より

二酸化炭素分圧 pCO_2／単位は atm（atm＝標準大気圧）

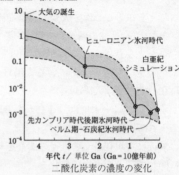

二酸化炭素の濃度の変化

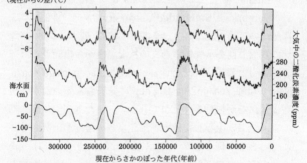

南極ドームふじ氷床コアから得られた過去 34 万年にわたる温室効果気体の変動.

気温（上段のグラフ）が上昇した後で二酸化炭素の濃度（中段）が上昇している. 下段は海水面の平均推移, 灰色の縦の帯は間氷期を示す. 東北大学理学研究科大気海洋変動観測研究センター物質循環分野(http://tgr.geophys.tohoku.ac.jp/)の「氷床コアを用いた研究」からさらに「南極の氷床コア」をクリックすると見ることができる.

地球上で生活しているのも過去の地球の変化にその源があることを知ることは，大変不思議な感じがする．

なお，『全地球史解読』では10億年後には地球上から海水がなくなり生命の時代が終わりになると推測している．また地球の生命を支えている太陽自身も変化していくが，現在の知見では太陽エネルギーのもとになっている水素を太陽が使い尽くすには，これから60億年以上かかると考えられている．

最後に，現在多くの人々の関心を集めている二酸化炭素に関して，その濃度の変化を

　　Lunine, J. I., *Earth Evolution of a Habitable World*,

　　Cambridge, Cambridge University Press, 1999, p. 175.

に基づいて描かれたグラフを載せておく(前ページ上)．地球の表面温度を示唆する過去の状況証拠から復元された予測であり，以前 http://chigaku.ed.gifu-u.ac.jp/chigakuhp/e-history/html_/eh/co2/kasting.htm に発表されていたが，現在は残念ながら見ることができない．また過去の気候変動では，気温が上昇した後で二酸化炭素の濃度が上昇していることを示す例として，南極のドームふじ氷床コアより得られたデータのグラフも載せておく(前ページ下)．大まかな変化をつかむことはできると思われる．

3.2　エネルギー

地球環境問題を論じる際に基本的に重要であるエネルギーの概念についてまず考えよう．

　エネルギーの持つ意味が明らかになったのは 19 世紀中頃である．熱は何らかの物質であるとする当時の風潮の中で，摩擦熱の研究から仕事の熱への転化を見出し，熱エネルギーの概念を提唱したラムフォード(1753-1814)，カルノー・サイクルの研究を通して熱力学における可逆サイクルと熱効率の関係を確立したカルノー(1796-1832)達の仕事を通して，やがてエネルギー保存則がマイヤー(1814-78)，ヘルムホルツ(1821-94)によって見出された．この過程で熱力学が形成されていった．

　とりわけ，「系に外から加えられた熱量と仕事の和は内部エネルギーの増加に等しい」という熱力学の第一法則（内部エネルギーが何であるかを定義しないとこの表現は意味がないが），外から何もしなければ低温から高温へと熱が移ることはないという経験則から「巨視的な現象は不可逆である」ことを主張する熱力学の第二法則が重要である．しかし，以上の簡単な記述だけからでも，エネルギーの概念が決して分かりやすいものではないことが了解されよう．

　『地球持続の技術』[3]の p. 41 に面白いクイズがあるのでここに借用しよう．

　クイズ 1　1 キロワットの電気ストーブをつけるのと，すべてをあわせて 1 キロワットになるテレビ，ステレオ，冷蔵庫，照明をつけるのとどちらが暖房効果は大きいか．

　クイズ 2　閉め切った部屋で冷蔵庫のドアを開けっ放しにしたら，部屋の温度はどうなるか．

　クイズ1の答えはどちらもほとんど同じ．電気は音や光
に変えられた後ほとんどが熱となってしまうからである．
クイズ2では，冷蔵庫が電気を消費した分だけ部屋の温度
は上がる（冷蔵庫とは外から漏れ込んでくる熱を外へ出す
装置である）．[3]にはさらにクイズが続き，電気から変わ
った熱は最後にどこへ行くかが質問になっている．熱はま
わりへ逃げ出していくが，その大半は最終的には赤外線と
して宇宙に放射される．そうでなければ，熱が地上にた
まって地球の温度がどんどん上昇することになる．ただ，
水蒸気や二酸化炭素は赤外線を吸収し，そのあと吸収した
赤外線を半分は宇宙へ，残りの半分は地球へ放出する．こ
の結果，地表は温度が上がることになる．これが，二酸化
炭素が地球温暖化の原因といわれる理由である．

　ところで，人類は火を使うことによって他の動物と違う
道を歩き始めたとよく言われる．火は最初は暖房と調理に
使われ，仕事には人か動物の力を使うか，あるいは水車な
どのように水力を使うことが考えられ，長い間本質的な変
化はなかった．ここまで書いて，筆者は自分の住居の状態
を考えた．エネルギー源は電気のみで，ガスは引かれてお
らず，灯油やガスボンベの持ち込みは防火上の観点から禁
止されている．調理はほとんどが電磁調理器，暖房はエア
コンでどこにも火は現れない．このような環境で育った子
ども達が自分の家で火を見るのは親がたばこをのまなけれ
ば，誕生日のケーキにのせられたローソクだけかもしれな
い．

　こうなると火と熱との関係も希薄になってくるかもしれ
ない．近所の子ども達は，昔であれば当たり前であった感
覚が育たない環境で生活していることに改めて気がつい
た．私がかつていた学部で滅菌するために熱したフラスコ
をいきなり冷たい机の上に置いて，フラスコが破裂し怪我
をする事故が起こったことがある．まさかそんなことがと
多くの人が驚いたが，昔の常識が常識とはならない環境で
子ども達が育っていることを教育関係者は心しなければな
らないのが現代の姿である．

　話を戻すと，エネルギーの利用に新しい道が開けたのは
17 世紀から 18 世紀にかけて蒸気を使って熱を仕事に変え
ることが発見され，実用化されたことによる．フランスの
デニ・パパン（1647-1714）が 1690 年にピストン作動の蒸気
機関を発明したといわれている．一方，イギリスのセヴェ
リー（1650 頃-1715）はボイラの熱で水面の蒸気が凝縮して
できる真空によって鉱山の水を汲み揚げる機械を 1698 年
に実用化した．セヴェリーの機関はピストンを持たなかっ
た．パパンとセヴェリーの機関を結びつけたのがニューコ
メン（1663-1729）である．1712 年に最初につくられたニ
ューコメンの機関は効率が悪かった．この機関を改良し，
効率のよい蒸気機関をつくったのがワット（1736-1819）で
ある．1765 年につくられた．その後，改良を加えられた
ワットの蒸気機関はニューコメンの機関と比較すると石炭
の消費量が $\dfrac{1}{3}$ であったと伝えられている．ワットの蒸気

機関は炭坑の揚水機だけでなく，工場の動力源として普及
していき，産業革命を押し進める重要な役割をした．ワッ
トの名前は仕事を測る単位として残っている．

≪研究課題≫　ワットの蒸気機関について調べてみよう．
特に，ピストン運動を回転運動に変える仕組みについて調
べてみよう．（参考書：H. W. ディキソン著，磯田浩訳
『蒸気動力の歴史』，平凡社，1994）
≪研究課題≫　産業革命について調べてみよう．

　ところで，私たちはエネルギーをどのような形で取り出
し，使っているのであろうか．池内了著『私のエネルギー
論』[5]によればエネルギーは運動エネルギー，熱エネル
ギー，電気エネルギー，光エネルギー，化学エネルギー，
核エネルギーの6種類に大別できる．
　これらのエネルギーが実際には組み合わされて使われ
る．たとえば，電気エネルギーを作り出すために火力発電
所では石油あるいは天然ガスを燃焼させて(化学エネル
ギー)高温水蒸気を作り出し(熱エネルギー)，タービンを
回転させ(運動エネルギー)発電する(電気エネルギー)．水
力発電では水の持つ運動エネルギーを利用してタービンを
回転させる．原子力発電では石油のかわりにウラン235を
使って核エネルギーを取り出して高温水蒸気を作り出す．
このようにエネルギーはさまざまな形に変えて使われる．
このとき，大切なことはエネルギーの保存則が成り立つこ

とである.

最初に取り出されるエネルギーと最後に使われたエネル
ギーとの間には差がある. この差が小さいほど効率がよい
ことになる. 火力発電や, 原子力発電では最初に出るエネ
ルギーの約 $\frac{1}{3}$ が電気エネルギーに変換されている. 残り
の $\frac{2}{3}$ のエネルギーは熱として環境に放出される. この捨
てられるエネルギーを利用しようとするのがコジェネレー
ションの発想である. 熱廃水を追い焚きすれば少量のエネ
ルギーで高温水を得ることができる. もちろんそのために
は多くの工夫が必要となる.

ところで, 地球上のエネルギーのもとはどこから来たの
であろうか. 一番大きいのは太陽からのエネルギーであ
る. 石炭や石油の化石燃料は昔の生物がもとになっている
ので, 太陽からのエネルギーの形を変えたものと考えるこ
とができる. 風が吹くのも, 雨が降るのも太陽からのエネ
ルギーによって地表や海水面が暖められて水が蒸発するこ
とに関係している. 太陽と月の引力によって潮の満ち干が
起こる. また, 地震や火山活動は地球内部のエネルギーに
よる. これらは現在のところほとんど利用されていないエ
ネルギーである. 人類が石炭を使って蒸気機関を利用する
ようになると, 人類は過去の太陽エネルギーを取り出して
使うようになった. その結果, 太陽エネルギーのもとで循
環系をつくっていた地球環境が変わるようになった. 現在

は人類が使うエネルギーが異常に大きくなってバランスが
崩れてきているのである.

　そこで, これからの議論で重要になってくる太陽エネル
ギーについて簡単に復習しておこう.

　現在の科学が明らかにしたところによると, 太陽の温度
は 5760 K(ケルビン, 絶対温度), 太陽の総輻射量は 3.85
$\times 10^{26}$ W(ワット), 太陽と地球の平均距離は 1.46×10^8 km
であり, 地球の大気圏で受け取る総輻射エネルギーは 1.37
kW/m^2($= 1.96$ cal/cm^2·min)である. これらの数値は太
陽定数と呼ばれる.

　太陽の活動が活発になると総輻射量が増え, 地球の受け
取る総エネルギーも増大する. それによって地球の気候が
変動することは容易に想像される. 事実, 近年の地球温暖
化傾向を太陽活動に帰着させようとする説も提出されてい
る.

　さて, 上で出てきたワット(W), カロリー(cal)等のエ
ネルギーの単位は 2.6 節で述べたが, 再度復習しておこ
う. そのためにはまず, 1 キログラムの質量を持つ物体に
1 m/s^2 の加速度を生じさせる力を 1 N(ニュートン)と定義
する. 例えば 1 kg の物体にかかる地球での重力は約 9.81
N である. 次に, 1 N の力が物体に作用して, 作用する方
向に 1 m だけ動かす間になす仕事を 1 J(ジュール)と定義
する. 言い換えると
$$1 \text{ J} = 1 \text{ Nm} = 1 \text{ kg m}^2/\text{s}^2$$
である. 1 W は 1 秒間に 1 J の仕事をする仕事率のこと,

すなわち

$$1\,W = 1\,J/s$$

である．言い換えると

$$1\,J = 1\,Ws$$

である．カロリー，cal は種々の定義があるがほぼ 4.18 J
である．栄養学では 1 キロカロリーを単にカロリーとい
い，大文字を使って Cal と記して通常のカロリーと区別し
ている．

　ところで，太陽光が大気圏を通って地上に到達するとき
には，オゾンや水蒸気によって吸収され，また大気によっ
て散乱されエネルギーは減少する．その結果，約 1
kW/m^2 の太陽光が地上に到達すると考えられている．こ
うして地表に到達した太陽エネルギーのうち約 0.8% が植
物の成長に使われ，動物が植物を食べることによってその
約半分 0.4% が動物の成長に使われると考えられている．
さらに我々が食用にする肉類では地表に到達する太陽エネ
ルギーの約 0.03%，ミルクでは 0.06% が使われていると考
えられている．

　このように，私たちの食料も実質的には太陽エネルギー
が形を変えたものと考えることができる．この観点から
は，穀類などの植物を食料にするほうが肉類を食料にする
より太陽エネルギーを有効に使っていると言えよう．

3.3　二酸化炭素

　エネルギー問題と密接に関係するものに，地球温暖化の

原因とされる二酸化炭素の問題がある．二酸化炭素は植物
の光合成にとってなくてはならないものである．春になる
と植物は太陽光を使って二酸化炭素と水から有機化合物を
合成し，葉や茎をつくり枝を伸ばす．夏になると植物が繁
茂し大気中の二酸化炭素の量は減少する．秋になり植物が
葉を落とし，土壌有機物となり微生物に利用され，一部は
空気中の酸素と結びついて二酸化炭素となる．日本の四季
はこうした植物の働きとそれと結びついた昆虫の活動を観
察するのに大変適している．

　大気中の二酸化炭素の濃度の年平均は長い間ほぼ一定の
280 ppm であったが，19 世紀から上昇し始め 20 世紀後半
に急激に上昇するようになった．1999 年には 369 ppm で
あり，このまま上昇を続けると 21 世紀の後半には 500
ppm を越えると予想されている（詳しくは[3]の p. 3 およ
び p. 4 の図 1-1 を参照されたい）．二酸化炭素の上昇が人
間の科学技術の進展に基づく活動によることは，19 世紀
から目立って二酸化炭素が増えていることからも推察され
る．

　二酸化炭素の増加は地球の平均気温の上昇を招くという
考えが現在支配的になっている．それによれば二酸化炭素
の濃度が現在の 2 倍になると平均気温は約 2.5 度上昇し，
南極の氷が融けて海水面が 60 センチメートル上昇する．
また，二酸化炭素の濃度が安定しても平均気温が上がった
ままなので南極の氷は融け続け海水面はさらに上昇し続け
る．北極の氷も融けるが，その大半は海上に浮いているの

で海面上昇には関係しない．二酸化炭素の排出量を抑えようという世界的な動きがあるのはこのためである．ただ，この筋書きにはまだ不明な点が多い．とくに，海水がどれくらい二酸化炭素を吸収するかについてはまだ不明の点が多い．このことから二酸化炭素濃度の上昇を過小評価しようとする動きも一部に見られる．特に，日本では科学的な考え方に基づいて議論する習慣がないこともあり，こうした点が曖昧になっていて，お役所任せで国民的な議論が少なすぎる．

1997 年 12 月，地球温暖化防止京都会議 COP3 が開催され，1990 年を基点として 2010 年までに二酸化炭素の発生量を日本は 6%，アメリカは 7%，EU は 8%減らす京都議定書が採択された．しかしながら，この議定書をもとに具体的なルールをつくる地球温暖化防止ハーグ会議 COP6 が 2000 年 11 月にオランダのハーグで開催されたが，森林の二酸化炭素吸収量をどう見積もるかで意見が合わず決裂してしまった．一方，「気候変動に関する政府間パネル IPCC」のロバート・ワトソン議長はハーグ会議の初日に演説をし，地球温暖化の予測を上方修正し，21 世紀末には現行予測 1〜3.5 度を上回って 1.5〜6 度高くなると警告した．さらに 2007 年 1 月には IPCC の第 4 次評価報告書，2021 年 8 月には第 6 次評価報告書第 1 作業部会報告書が明らかにされ，最近の地球の温暖化は人間の影響，二酸化炭素などの温室効果ガスの増加が原因と断定し，温室効果ガスの削減が緊急の課題であることを強く警告している

（[4]）. 20 世紀の 100 年間で地球の表面温度は 0.4〜0.8 度
高くなり，もっとも暑かった年の上位 3 位は 90 年代に，
上位 12 位は 83 年以降に記録されている. IPCC による
と，二酸化炭素の濃度を現在の水準にとどめるには，直ち
に排出量を 60% 以上削減する必要があるとのことである.

≪研究課題≫ 『地球持続の技術』[3] の第 7 章「地球を持続
させるために」あるいは『気候変動と環境危機』[29] 第 4
部，第 5 部を読んで，私たちは何をしなければいけない
か，また何をすることが可能かを考えてみよう. ただし
[29] は定性的な説明が多いので定量的な裏づけをインター
ネットを使って取得して考えてほしい. 地球を持続させる
ためには私たちのライフスタイルを変えなければならない
とも言われるが，どのように変えることが可能であろう
か. 発展途上国の立場から今日の日本を見て考えてみよ
う.

　さて，二酸化炭素の増加していくモデルとして一年間に
一定量 a ずつ増えていく場合を考えてみよう. n 年後の増
加は na であるがそれまでに増加した量は

$$a + 2a + \cdots + na = a(1 + 2 + \cdots + n) = \frac{n(n+1)a}{2}$$

となる. ほぼ n の 2 乗に比例して変化しているというこ
とができる. 増える間隔をもっと短くとって，たとえば

$\dfrac{1}{M}$ 年ごとに $\dfrac{a}{M}$ だけ増えていくと n 年までに増加した量は

$$\sum_{k=1}^{nM}\frac{ka}{M^2} = \frac{n(n+1/M)a}{2}$$

となる. M がどんどん大きくなった極限では和は積分になり

$$\int_0^n ax\,dx = \frac{an^2}{2}$$

となり,増え方が2乗的であることが分かる.

一方,毎年 b% ずつ増加していくと,最初に A だけあれば n 年後には

$$\left(1+\frac{b}{100}\right)^n A$$

になる. これは指数関数的に増大していく. ところで,

$$e = \lim_{n\to\infty}\left(1+\frac{1}{n}\right)^n$$

と定義できるので,この定義にあわせて $\dfrac{1}{M}$ 年に $\dfrac{b}{M}$% ずつ増加する場合も考えてみよう. このとき n 年後の量は

$$\left(1+\frac{b}{100M}\right)^{nM} A$$

となる. さらに M がどんどん大きくなったときの極限を考えると

198 3 章　地球環境問題と数学

$$\lim_{M \to \infty} \left(1 + \frac{b}{100M}\right)^{nM} A = e^{\frac{nb}{100}} A$$

となることが分かる．このように二酸化炭素の排出量の増加やゴミの問題など具体的な問題で和や積分，あるいは極限の問題を考えてみることは興味深いことである．中学校数学に関しては小寺隆幸氏の優れた実践がある（[6]）．

　ところで，二酸化炭素の問題に関しては，二酸化炭素が増えた分だけ光合成をさかんにして食糧の増産に回せばよいという，一見科学的な意見があり，かつて『数学セミナー』にも登場したことがある（1999 年 10 月号，渡辺正「環境記事の読みかた」）．この議論は，植物が育つためには養分が必要であることを忘れている．光合成による二酸化炭素の吸収量が多いので「ケナフ」が日本に紹介され，栽培が行われた．最近では，ケナフは日本の植生を脅かすとして，負の側面を指摘する声が大きくなっている．実際に小学校でケナフ栽培を実践した曽我昇平氏は 2000 年 11 月 26 日に行われた日本総合学習学会第 2 回年会の研究発表のコメントとして「3 年間実際に栽培してみればケナフがどのような植物であるかが分かる．養分の吸収が激しくて 2 年間で土地がやせてしまい，農家から苦情が来た」と発言された．このことと世界の耕地がほとんど増えていないこと，一人当りの収穫面積は減少していること（[1] p. 137）を併せて考えれば，二酸化炭素の増加を食糧増産に結びつけるのは容易なことでないことが分かる．

≪研究課題≫ 最近流行のリサイクルはエネルギーの無駄遣いであるという主張がある(『リサイクル幻想』[7]). これは『地球持続の技術』[3]の主張と真っ向から対立する. 文献[3]と[7]を読んでどちらの観点が妥当であるかを考えてみよう. 文献[7]は現状を重視し, [3]はこれから開発すべき技術を重視している点も注意して読んでみよう. また『偽善エコロジー』[8]を読んで地球環境問題でグローバルな視点を持つことの意味を考えてみよう. [8]では, たとえば日本の水道水の大半は飲料水としては使われておらず, 壮大な無駄が発生していることを指摘して, ペットボトルの水を買うことの是非について問題提起している. 日本の水道水は世界一安全な水であるが, これの質を落として(浄水のレベルを下げて)飲料水はペットボトルの水を買うようにしたら何が起こるか, あらゆる可能性を検討してみよう.

3.4 地球温暖化

前節で地球温暖化に関連して二酸化炭素の問題を取り上げた. 雑誌《Science》誌上に地球温暖化に関する興味深い論文[9]が掲載されているので, この論文の解説である[10]をもとに簡単に紹介しておきたい.

ストット(Stott)達は地球温暖化のモデルで20世紀の地表の温度変化をかなり正確に説明することに成功している. 地表の温度の上昇は20世紀に入って, 特に1910年から45年にかけて起こり, 45年から76年まではむしろ地

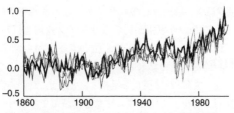

太い線は実際に観測された地表の温度，（3種類の）薄い
線は計算結果
（縦軸が気温変化，横軸は年代）．[10]，p. 2083

表の温度は低下傾向を示した．その後再び地表の温度は上
昇を続けている．これまでの争点の中心はこうした温度上
昇が人間活動によるのか，それとも自然現象であるのかと
いうことであった．自然現象としては太陽の活動の変化に
よるものの他に，火山活動によって生じるエアロゾル（大
気中に浮遊している 0.1 mm 以下の固体や液体の粒子のこ
と，火山活動では火山灰からなる微粒子のみならず，亜硫
酸ガスから硫酸ミストが作られる）がある．火山活動は
1920 年から 60 年に沈静化し，その後活発化している．三
宅島の火山噴火で近畿地方まで亜硫酸ガスの臭いが感じら
れたことからも火山活動が大気に大きな影響を与えること
は納得されよう．
　地球温暖化が人為的なものであれば 1945 年から 76 年に
かけての寒冷化傾向を説明できず，このことが温暖化問題
を複雑にしていた．地球上には何度も氷河時代があり，現
在は間氷期と考えられている．氷河時代がなぜ繰り返し来

るかに関してもまだよく分かっていないことが多いようである.

さて, ストット達は地表の温度変化を自然現象に基づく因子と人為的な因子に分けて大洋・大気循環モデルを使って計算を行った. その結果, 自然現象だけを使っては温暖化の観測結果に当てはまる結果は得られないこと, 一方, 1910 年から 45 年の温暖化は人為的な因子からだけでは説明できず, 自然現象と人為的な因子双方を加味すると説明できることを示した. さらに, 1970 年代後半から現在までの温暖化は人為的な因子だけでも説明できることを示している.

ところで, 地球温暖化が実際に起こっていることを疑問視する意見も依然として強い[30]. それは, 温暖化を予測するコンピュータによる計算が論理的でない, 特に途中で数値を入れ直して計算していることや, コンピュータの限界からきわめて粗い計算しか行われていないことによることが大きいように思われる([10]). また, 過去の地球温暖化に際しては, 温暖化が始まってしばらくしてから二酸化炭素が増加しているように見えることも, 一因である. (3.1 節の南極ドームふじ氷床コアから得られたデータは気温上昇後 CO_2 が増加していることを示している.)

筆者は以前, 地球温暖化を疑問視する地球学者の話を聞いたことがあるが, そのときの反対の根拠はコンピュータによる計算では北極で気温の上昇が起こることが予測されているが, 実際には起こっていないということであった.

これは十数年以上前の話であるが，最近，北極の氷が融け始めホッキョクグマの生態系が壊されていることがテレビで報道されるようになった．コンピュータの予測がむしろ現実のものとなっているようである．

　気象はさまざまな要素に支配されているのでその原因を見出すのは容易ではない．現在までの地球上の気温の上昇は太陽の活動の活発化やヒートアイランド現象で説明がつく，そもそも地球の平均気温を定義すること自体が難しい．温暖化は政治的なもので科学的ではないという意見も根強い．フロンガスの使用によるオゾンホールの危険性には全世界が一体となって対処できたが，二酸化炭素は私達の生活様式と密接に関係しているために，対処がきわめて難しい．迅速に対処できたフロンガスの場合でも，フロンガスの使用を止めても過去の蓄積によって，依然としてオゾンホールが発生している．そのような意味では二酸化炭素が温暖化の原因だと特定されたときには手遅れである可能性が高い．

　科学的とは何を意味するのか，「薬の使用で死者が出なければその薬は危険であると断言できない」という考え方が科学的であるのかという問いかけ以上に深刻な問題を私達に投げかけている．

≪研究課題≫　『地球温暖化』[11]は地球温暖化はないという立場から書かれた本である．[11]とたとえば温暖化を警告する『不都合な真実』[12]や『気候変動と環境危機』[29]

と読み比べて，論点を詳細に比較してみよう．

　[11]の著者は二酸化炭素が増えれば食物の生産量が増えると主張しているが，前節に述べたケナフの例を取るまでもなく，これは楽観過ぎる見方である．特に，ヒマラヤの氷が融け出し，水不足の心配も現実的なものとなりつつあり，砂漠化も進行していることを考えれば，二酸化炭素だけで食糧増産に結びつかないことが分かる．[11]の著者は二酸化炭素の排出量を減らすためと称して原発を作る動きがあることを危惧して本を著したと記している．本書が出版された後に，原油が世界的に値上がりして，二酸化炭素の問題と別に原発に関心が集まっていることは[11]の著者には意外なことであると思われる．

　いずれにせよ，大洋・大気循環モデルを使って大気の具体的な運動を具体的に予測することは数学的にも大変興味ある問題であり，今後の解明が待たれている（[13]）．

3.5　モデル化

　さまざまな現象を解析するためには，その現象が起こる本質的な要素を取り出して，理想化されたモデルを作って計算することが多い．通常はこの計算は微分方程式を解くことになる．地球温暖化のモデルは複雑すぎて今のところ専門家しか手が出ないが，ここでは簡単なモデルの例を『微分方程式で数学モデルを作ろう』[14]から少し設定を変えて引用しよう．一つは湖の汚染に関するモデル化，もう

一つは電力の消費量を計算するための電気湯沸かし器のモデル化である.

　まず,湖の汚染の簡単なモデルを考える.湖の汚染はきわめて複雑なプロセスであるが,ここでは単純にするために次の仮定をおく([14], p. 100 を参照のこと).

1. 湖での降雨量と蒸発量,湖への水の流入量と流出量はつりあいがとれていて,湖での水の量は一定である.また,水の時間あたりの流出量は一定であるとする.
2. 水が湖に入ると,湖の水と完全な混合が起こり,汚染物質も一様に分布する.
3. 汚染物質は湖からの水の流出によってしか,湖から除去されない.

　これらの仮定は現実とはかなりかけ離れている面があるが,第一次近似として考えるには十分であろう.そこで,湖の容積を V, P_l を湖の汚染度(たとえば,湖の水 $1\,\mathrm{m}^3$ あたりの汚染物質の量で表される),P_i を湖に流入する汚染物質の汚染度とする.仮定1から湖の水の量は V であるとしてよい.P_l, P_i は時間によって変化する.時間 δt の間の湖での汚染物質の変化 $\delta(VP_l)$ は

$$\delta(VP_l) = (P_i - P_l)(\gamma\,\delta t)$$

と考えることができる.ここで γ は湖から水が流れ出す量を表す.水は $\gamma\,\delta t$ だけ流れ込み(このとき,汚染物質は

$\gamma P_i \delta t$ 含まれている)，$\gamma \delta t$ だけ流れ出す(δt が小さければ，湖の汚染物質の変化はそれほど大きくなく，流れ出す汚染物質は $\gamma P_l \delta t$ と考えることができる)．この式から

$$\frac{\delta P_l}{\delta t} = \frac{\gamma (P_i - P_l)}{V}$$

を得，$\delta t \to 0$ の極限を取ると

$$\frac{dP_l}{dt} = \frac{\gamma (P_i - P_l)}{V}$$

という微分方程式を得る．この微分方程式を解くためには指数関数を使い，両辺に $e^{\gamma t/V}$ をかけて変形すると

$$e^{\gamma t/V}\frac{dP_l}{dt} + e^{\gamma t/V}\frac{\gamma P_l}{V} = e^{\gamma t/V}\frac{\gamma P_i}{V}$$

を得る．そこで

$$\frac{d}{dt}(e^{\gamma t/V}P_l) = \frac{\gamma}{V}e^{\gamma t/V}P_l + e^{\gamma t/V}\frac{dP_l}{dt}$$

であることに注意すると，上の微分方程式は

$$\frac{d}{dt}(e^{\gamma t/V}P_l) = \frac{e^{\gamma t/V}\gamma P_i}{V}$$

と書き換えることができる．この両辺を積分すると

$$e^{\gamma t/V}P_l(t) - P_l(0) = \int_0^t \frac{e^{\gamma t/V}\gamma P_i}{V}dt$$

を得る．したがって $P_l(t)$ の形を知るためには流入する水の汚染度 $P_i(t)$ の形を知る必要がある．もし，P_i が一定(P)であれば

$$\int_0^t \frac{e^{\gamma t/V}\gamma P_i}{V}dt = e^{\gamma t/V}P - P$$

となり上の式と併せて

$$P_l(t) = e^{-\gamma t/V}(P_l(0)-P)+P$$

を得る.

　きわめて長い時間が経つと，すなわち t が非常に大きくなると $e^{-\gamma t/V}$ は 0 に近づき，このとき P_l は P に近づくことが分かる．これは，長い時間がたてば，湖は流入する汚染度 P の水だけになることからも予想される結果である．また，$P_l(0) > P$ であれば湖の汚染度は次第に下がって P に近づいていくが，$P_l(0) < P$ であれば湖は次第に汚染度 P に向かって汚れていく.

　一方，流れ込む水が汚染されていないとするとき，すなわち $P = 0$ のときは湖の汚染度は次第に低くなっていく．このときは

$$P_l(t) = e^{-\gamma t/V}P_l(0)$$

である．最初の汚染度の半分になる時間 T は

$$e^{-\gamma T/V}P_l(0) = \frac{1}{2}P_l(0)$$

を，したがって

$$e^{-\gamma T/V} = \frac{1}{2} - \frac{\gamma T}{V}$$

を解けばよい．これより

$$T = \frac{V}{\gamma}\ln 2$$

を得る．$\ln 2$ はほぼ 0.7，正確には $\ln 2 = 0.693147\cdots$ であ

る．したがって $\dfrac{V}{\gamma}$ が分かれば T が計算できることになる．

　残念ながら筆者は $\dfrac{V}{\gamma}$ が分かっている湖の例を知らない．たとえば琵琶湖の場合は，ほとんどの川が注ぎ込むだけで，流出するのは瀬田川からだけである．したがって $\dfrac{V}{\gamma}$ はきわめて大きいと思われる．

　以上の計算は湖でなくても適用できる．たとえば，汚水が入った 1 リットルの容器に水が毎秒 1 cm^3 入り，同じ量の汚水が流れ出るとすると $\gamma = 1$ cm^3/s となり $\dfrac{V}{\gamma} = 1000$ 秒となる．したがって汚れが半分になるのに約 693 秒 ＝ 11 分 33 秒かかることが分かる．

　次に湯沸かし器にかかる電力を計算する問題を考えてみよう．簡単のため湯沸かし器は，容器の中に直接ヒーターをいれて水を温める構造になっているとしよう．加熱は T 時間内に一定の熱量 q で行われ，全体で
$$h = qT$$
の熱量が加熱のために使われる．一方，質量 m の溶液を温度 θ だけ変化させるのに必要な熱量は
$$cm\theta$$
で与えられる．ここで c は比熱であり，水の場合は

$$c = 4200 \text{ J/kgK}$$

で与えられる．ここで K は温度の単位ケルビン，J はエネルギーの単位ジュールであり，1 ジュールのエネルギーが毎秒当てられると 1 ワットの仕事率になる．1 ジュールは 1 ニュートンの大きさの力がその方向に物を 1 メートル動かすときの仕事あるいはその仕事に相当する熱量である．1 ジュールは約 0.234 カロリーに相当する．

$$1 \text{ W} = 1 \text{ J/s}$$

さて 15℃の水 1 リットル（＝ 約 1 キログラム）を 1 キロワットの湯沸かし器で沸騰させると，理想的には

$$T = 4200 \times 1 \times \frac{85}{1000} = 357 \text{ 秒} = 5 \text{ 分 } 57 \text{ 秒}$$

かかることになる．実際にはヒーターの熱の一部は外に出ていき，またヒーターは 1 リットルの水すべてを一様に温めることはできないので，実際にはこれ以上時間がかかる．

沸騰した段階で電気を切るとお湯は次第に冷めてくる．熱された物体が冷めていく過程は，物体がおかれている外気との温度差を θ とおくと，微分方程式

$$\frac{d\theta}{dt} = -k\theta$$

で表される．いま外気の温度を 15℃，お湯の温度を ϑ とすると $\theta = \vartheta - 15$ であり，上の微分方程式を解くと

$$\theta = \theta_0 e^{-kt}$$

を得る．θ_0 は $t = 0$ のときの温度差で，今の場合は $\theta_0 =$

85 である．したがって，沸騰させてから t 秒後のお湯の温度は

$$\vartheta(t) = (15 + 85e^{-kt})\,℃$$

であることが分かる．

　また，上の微分方程式を，お湯の温度が $(A+15)\,℃$ のときの冷め方を調べるのに使えば

$$\vartheta(t) = (15 + Ae^{-kt})\,℃$$

となる．これからお湯の温度が高いほど（A の値が大きいほど）冷め方は大きいことが分かる．

　ところで沸騰させたあと 8 時間 = 28800 秒後には

$$(15 + 85e^{-28800k})\,℃$$

になる．k の値が分からないとこれ以上は計算できないが，[14] p. 31 を参考にして

$$k = \frac{1}{20000}$$

とおく．すると

$$85e^{-\frac{28800}{20000}} = 85e^{-1.44} = 20.138\cdots$$

となって 8 時間後のお湯の温度はほぼ 35℃ になる．この冷めたお湯 1 リットルを 85℃ にするためには

$$4200 \times 1 \times \frac{50}{1000} = 210 \text{ 秒} = 3 \text{ 分 } 30 \text{ 秒}$$

かかり，消費する電力は

$$1000 \times \frac{210}{3600} = 58\tfrac{1}{3} \text{ ワット時}$$

である．

　一方，サーモスタットを使ってお湯の温度が 55℃ に
なったらヒーターを使って 85℃ になるように温めること
にしてみよう．沸騰したお湯が 55℃ になるのに T 秒かか
るとすると

$$85e^{-\frac{T}{20000}} = 40$$

が成り立つ．これより

$$T = -20000 \times \ln\frac{40}{85} = 15075.4\cdots \text{秒} = \text{約 4 時間 11 分}$$

となる．また，85℃ のお湯が 55℃ まで冷めるのにかかる
時間は

$$70e^{-\frac{T_1}{20000}} = 40$$

を解いて

$$T_1 = -20000 \times \ln\frac{40}{70} = 11192.3\cdots \text{秒}$$

$$= \text{約 3 時間 6 分}$$

となる．55℃ のお湯を 85℃ にするには

$$T = 4200 \times 1 \times \frac{30}{1000} = 126 \text{秒} = \text{2 分 6 秒}$$

かかる．したがって 8 時間の間には 2 回温め直すことにな
る．このときに使う電力は

$$1000 \times \frac{126}{3600} \times 2 = 70 \text{ワット時}$$

となる．8 時間後に冷めたお湯の入った湯沸かし器のヒー
ターのスイッチを入れた方が，サーモスタットを使ってお
湯の温度を一定に保つようにするよりは電気の使用量が少

なくて済むことが分かる.

　この単純な例からも, 私たち日本人は快適さを保つために たくさんの電力を消費していることが推測される. 一つ 一つはわずかの電力使用量であってもたくさんの人が使え ば莫大な量の電気を使用することになってしまうことが環 境問題やエネルギー問題では重要になる.

　以上, きわめて簡単な例を挙げたが, 簡単なモデル化で も時間による変化を調べる限りは微分方程式を使う必要が ある. したがって, 環境問題を真剣に考えるのであれば微 分方程式まで学習する必要があるといえる. 高校生の場 合, 関心さえあれば環境問題を例にとって簡単なモデルを 作り, それをもとに微分方程式を学習することが可能であ る. [14]にはヒントとなる例がたくさん挙げられている.

　地球環境問題に関してはたくさんの問題点があり, 全貌 をつかむのは難しい. 文献[15], [16]は問題がどこにある のか全体像を知るのに役立つであろう. また, 地球環境問 題を解決する試みもさまざまなレベルで行われている. 文 献[17], [18], [19], [20]はそうした試みを記したものの一 部である.

≪研究課題≫　環境問題を考えるとき先駆者として田中正 造の名前が挙げられる. 田中正造は長い間忘れられていた が, 日本で公害が大きな問題となったときに田中正造の先 駆的な行動が注目されるようになった. 林竹二は田中正造

の復権に貢献した一人である．彼の著書『田中正造の生
涯』[21] を読んで，田中正造の足跡を調べ，学ぶこととは
どういうことであるかを考えてみよう．（明治時代がどの
ような時代であったかを知るのに面白い読み物として『山
田風太郎明治小説全集』ちくま文庫，がある．フィクショ
ンと荒唐無稽な話が混じり合いながら，時代の本質をみご
とにえぐり出している．明治時代の著名人がどこかで登場
しているのも面白い．ちなみに田中正造は「明治バベルの
塔」の中に登場する．）

3.6　太陽光発電

　次に最近とみに話題になっている太陽電池について考え
てみよう．

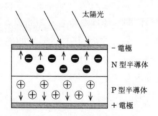

　太陽電池は太陽光を直接電気に変えるもので，実際には
電池ではなく発電装置である．太陽電池は電気的に性質の
異なる二つの半導体，N 型半導体と P 型半導体をつなぎ
あわせた構造をもっている．N 型半導体は電子（負の電気
を帯びている）が動くことによって電気が流れる主体とな

る半導体であり，P 型半導体は正孔(せいこう)(正の電気を帯びている)が動くことによって電気が流れる主体となる半導体である．この両者の接合部分に光があたると，電子と正孔とが対で発生し，正孔は P 型半導体へ，電子は N 型半導体へと移動して電流が発生する．

このときに，光は粒子のように振る舞い(それを光子と呼ぶ)，電子と正孔を原子からたたき出すと考えられる．光子の持つエネルギーは $h\nu$(h はプランク定数，ν は振動数)であることが知られている．

光は波の性質を持つにもかかわらず，原子やそれ以上の極微の世界では粒子のように振る舞うことはアインシュタインによって提唱され，現在では物理学で確立された現象である．太陽光発電もそうした見方を支持している．一方，粒子のように振る舞う電子も波の性質を持っていることが知られている．このように，粒子と波動の二重性が原子や素粒子の世界では特徴的な事実であり，こうした物理現象を記述する物理学は量子力学と呼ばれている．量子力学はニュートン力学以上に数学の知識を必要とする(というより量子力学と関連して発展した現代数学の分野も多い)ので，ここでは詳しく述べることはできない．量子力学による現象の記述は私達の直観と著しく異なり，その解釈をめぐっては今なお論争が続いている．また，実数で記述すべき物理現象の世界が量子力学では複素数を使って記述されるという点でもニュートン力学とは趣を異にしている．

≪研究課題≫　極微の世界を支配する量子力学の不思議さ
に触れてみよう.

たとえば,

　　　朝永振一郎「光子の裁判」

で光子のもつ粒子と波動の二面性の不思議さを考えてみよ
う.「光子の裁判」は『量子力学的世界像』(朝永振一郎著
作集 8, みすず書房), または『量子力学と私』(岩波文
庫)に収録されている. また量子力学の入門書はたくさん
あるが,

　　　並木美喜雄『量子力学入門――現代科学のミステリ
　　　ー』(岩波新書)

は一般向けの解説書で, 理解しやすいであろう. さらに

　　　ファインマン『光と物質のふしぎな理論』
　　　　(釜江常好・大貫昌子訳, 岩波現代文庫, 岩波書店)

は光や電子の持つ不思議な性質を現代物理学がどのように
記述しているかを初心者に語りかけた名著である. 量子力
学の教科書としては, 歴史的に理論が形成されていく過程
を描き, 量子力学の持つ特徴を浮き彫りにした

　　　朝永振一郎『量子力学Ⅰ・Ⅱ』(みすず書房)

は名著の誉が高い. 読むのに骨が折れるかもしれないが,
じっくり読むことによって量子力学の理解を深めることが
できる. 量子力学は最近の技術で重要な役割を果たしてい
る. その思いもかけない応用の一例として

　　　西野哲朗『量子コンピュータと量子暗号』
　　　(岩波講座「物理の世界」, 物理と情報 4)

を挙げておく.

　さて, こうした光の粒子の性質をもとにして, 地面に平行に置かれた太陽電池パネルの発電量の一日の変化を調べてみよう.

　地面に平行に置かれた $1\,\mathrm{m}^2$ の太陽電池パネルがあり, 太陽がパネルの真上に来たときに, 太陽電池は太陽エネルギーの 12.7% を電気に変換すると仮定する. また, 地上に降り注ぐ太陽エネルギーは, ほぼ $1\,\mathrm{kW/m}^2$ であるので, 以下, $1\,\mathrm{kW/m}^2$ として計算する.

　太陽がパネルに対して斜めの位置にあるときの発電量を考えてみよう.

　パネルと太陽光線との角度を θ とする. 太陽光エネルギーは光子のエネルギーとして地上にもたらされる. このエネルギーは波長によって異なってくることは上で述べたが, ここでは簡単のために各光子の持つエネルギーは一定である(すなわち光の波長が一定であると仮定する. これは現実的ではないが, 太陽光発電ではパネルは光の波長に対してきわめて大きいので, 波長の平均をとって波長が一定と仮定してもそれほど大きな誤差は生じないと考えられ

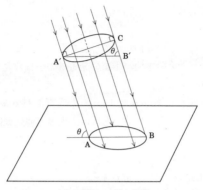

AB∥A′B′, A′C⊥A′A

る)と仮定し，さらに，地上に到達する光子の数は面積に
比例すると考える(これも，量子力学的には間違っている
が，ここでも平均エネルギーを考えているのでそれほどお
かしな仮定ではない).

　こうした仮定をしておけば，太陽電池パネルが発生する
電気はパネルに到達する光子の数に比例することが分か
る．パネルの真上に太陽があるときにパネル上に N 個の
光子が到達するのであれば，太陽光線がパネルに角度 θ で
あたっているときは，到達する光子の数は $N \sin \theta$ である
ことが図より分かる.

　したがって，太陽光線が角度 θ で入射してくるときは1
m^2 のパネルから $(127 \sin \theta)$ ワットの電気が生じることに
なる．思いもかけず三角関数が登場して驚いたかもしれな

い. 三角関数は至る所に登場する重要な関数である.

　発電量の時間変化をグラフで表すときには目盛りの単位に注意する必要がある. グラフ電卓にしてもパソコンにしても, グラフを描かせると x 軸と y 軸の目盛りをそれぞれ適当にとって, ディスプレイ上に表示できるように設定がしてある. そのためにグラフの形が必ずしも現象を正確に表示できない場合がある.

　発電量の時間変化をグラフに描いてみよう. 簡単のため

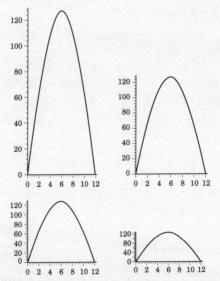

単位の長さの取り方によってグラフは違った印象を与える

日照時間は 12 時間であるとする（春分，秋分の日を考える
ことにすればよい）．さらに角度は 360 度を 2π とする弧
度法を使うことにする．その理由は 2.3 節で述べたよう
に，弧度法を使うことによって三角関数の微分，積分が簡
明になるからである（付録「微分積分について」も参照の
こと）．

　日の出から t 時間後の太陽光の入射角は $\dfrac{\pi t}{12}$ ラジアンに
なる．したがって，上の考察から太陽が昇ってから x 時
間後の発電量は

$$y = 127 \sin\left(\frac{\pi x}{12}\right)$$

である．ただし，地面は平らとして，太陽光を遮るものは
ないと仮定する（これは砂漠では実現可能であり，日本で
あれば高いビルの屋上を考えれば，ほぼ仮定に近い条件に
なる．もちろん，一日中雲一つない晴天の日を考えてい
る）．

　そこで，$y = \sin\left(\dfrac{\pi x}{12}\right)$ のグラフを描いてみよう．x 軸の
単位の長さは一定にして，y 軸の単位の長さを変えてグラ
フを描いてみる（前ページの図のグラフを参照のこと）．

　このように，単位の長さの取り方によって印象がまった
く違ってくることに注意する．

《研究課題》　三角関数を組み合わせると複雑なグラフを

表現することができる.
$$y = 2\sin x + \sin 2x,$$
$$y = 2\sin x + \sin 2x - 3\sin 3x$$
など三角関数を組み合わせてできる関数のグラフを描いて
みよう. 区間 $[0, \pi]$ で定義された多くの関数は種々の三角
関数の無限和(フーリエ級数と呼ばれる)として表示できる
ことが分かっている.

　さて, 日の出から日没までに発電される電気の総量, 総
電力量を求めてみよう. 1 ワットの電気が 1 時間あたりに
流れる量を 1 ワット時の電力と定義する. 今の場合, 発電
量は時々刻々変わっているので, 総電力量を計算するため
には積分の考え方が必要となる.
　総電力量を考える. こんどは 1 日の日照時間(日の出か
ら日没までの時間)を T 時間としよう. また角度は弧度法
を使う. 地面は平らとして, 太陽光を遮るものはないと仮
定する. 日の出から t 時間後の太陽光の入射角は $\dfrac{\pi t}{T}$ ラジ
アンになる. このとき, 太陽電池は $127 \sin\left(\dfrac{\pi t}{T}\right)$ ワットの
電力を発電する. t 時間から $\varDelta t$ 時間経つ間に発電される
電力量は, $\varDelta t$ が非常に小さければ, $\dfrac{\pi t}{T}$ と $\dfrac{\pi (t + \varDelta t)}{T}$ にそ
れほど大きな違いはないので, ほぼ $\left(127 \sin\left(\dfrac{\pi t}{T}\right)\right)\varDelta t$ ワッ

ト時であると考えることができる. そこで, n を非常に大きな数にとって T 時間を n 等分すると, 一日に発電される総電力量はほぼ

$$\sum_{k=1}^{n} \left\{ 127 \sin \frac{\pi}{T} \left(\frac{Tk}{n} \right) \right\} \frac{T}{n}$$

ワット時に等しいことが分かる. 本当の総電力量は $n \to +\infty$ をとって得られると考えられる. これは積分になって

$$\int_{0}^{T} 127 \sin \left(\frac{\pi}{T} x \right) dx$$

と書くことができる. 実際にこの積分を実行すると

$$\int_{0}^{T} 127 \sin \left(\frac{\pi}{T} x \right) dx = \left[-\frac{127T}{\pi} \cos \left(\frac{\pi}{T} x \right) \right]_{0}^{T} = \frac{254T}{\pi}$$

を得る. すなわち, 総発電量は $\dfrac{254T}{\pi}$ ワット時である.

　微積分の発見者の一人であるニュートンは微分を流率 (流れの割合), 積分を流量と呼んだ. 水の流れを考えれば, 瞬間的に流れる水の量の割合 (流率) を求めることは, Δt 時間に流れる水の量を ΔF とすると $\dfrac{\Delta F}{\Delta t}$ を考え, $\Delta t \to 0$ とする極限を考えること, すなわち, 微分を考えることに該当する. また, 流率 $f(t)$ が分かっているときに T 時間に流れる水の総量は

$$\lim_{n \to \infty} \sum_{k=1}^{n} f\left(\frac{kT}{n}\right)\frac{T}{n} = \int_0^T f(t)dt$$

となり，これは積分にほかならない．水の流れの替わりに
太陽電池パネルで発電される電力を考えても同じ考えが適
用でき，ニュートンが流率，流量という物理的なイメージ
を微分と積分に与えたことの意味が明白になる．

3.7 生物の増殖

今日，地球環境問題の一つとして，多くの種類の生物の
絶滅が危惧されている．この節では生物の個体数の増減を
数学的に取り扱ってみよう．

単純増殖

ある時刻に個体数が N_0 である生物の個体群に注目し
て，その個体数が出産と死亡によってどのように変化する
かを考えてみよう．ここでは海の中の小島のように外部と
の接触が難しく外から問題にしている生物の流出入がない
と仮定する．極端な条件であるが数学的に取り扱うのに一
番簡単な場合である．

一定時間間隔 s を基準にして時刻 $t_n = ns$ での個体数
$N(n)$ を問題にする．$N(0) = N_0$ とする．t_{n+1} までの個体
数の変化 $\Delta N(n, s) = N(n+1) - N(n)$ は，この間に生ま
れた個体数を $\Delta_b(n, s)$，死んだ個体数を $\Delta_d(n, s)$ とすると
$$\Delta N(n, s) = \Delta_b(n, s) - \Delta_d(n, s)$$
で与えられる．

$$R_b(n, s) = \frac{\Delta_b(n, s)}{N(n)}$$

$$R_d(n, s) = \frac{\Delta_d(n, s)}{N(n)}$$

をそれぞれ時刻 t_n での出生率，死亡率という．そして

$$R(n, s) = R_b(n, s) - R_d(n, s)$$

を増殖率という．したがって

$$N(n+1) - N(n) = R(n, s) N(n) \qquad (1)$$

が成り立つ．考察している生物に関して理想的な状況の下では出生率，死亡率は時刻 t_n によらずに一定であると考えられる．したがって増殖率も一定値 $R(s)$ であり，上の式 (1) は $N(n+1) = (1 + R(s)) N(n)$ と書くことができる．$N(0) = N_0$ であるので

$$N(n) = (1 + R(s))^n N_0$$

であることが分かる．これは個体数が等比級数的に増えることを意味する．

　バクテリアのようにきわめて短時間で増殖する場合は R は一定とは限らず時刻によって変化する．$R(t, \Delta t) = \dfrac{N(t + \Delta t) - N(t)}{N(t)}$ とおいて

$$\lim_{\Delta t \to 0} \frac{R(t, \Delta t)}{\Delta t} = r(t)$$

が存在すると仮定してもそれほど不自然でないと考えられる．この場合は

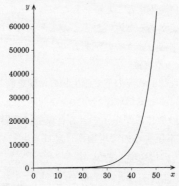

$N_0 = 3$, $r = 0.3$ のときの $y = N(t)$ のグラフ

$$\frac{dN(t)}{dt} = \lim_{\Delta t \to 0} \frac{N(t+\Delta t) - N(t)}{\Delta t}$$

$$= \lim_{\Delta t \to 0} \frac{R(t, \Delta t)}{\Delta t} \cdot N(t) = r(t) N(t) \tag{2}$$

が成立する. $r(t)$ が一定値 r であれば

$$\frac{d}{dt} N(t) = r N(t)$$

より

$$N(t) = N_0 e^{rt}$$

が成り立つ. すなわち個体数は指数関数的に増加する($r < 0$ であれば減少し,$t \to \infty$ で0になる).

マルサスは『人口論』の中で人口は等比級数的に増加するが,食料は算術級数的にしか増産できないので貧困と罪

悪は必然的に発生することを，したがって人口を意図的に
抑制する必要があると説いた．このことから上の生物増殖
をマルサス増殖ということがある．

ロジスティック増殖

前節では理想的状況の下での生物の増殖を論じたが，現
在人間活動によって地球環境が大きな問題になっているよ
うに，生物の個体数が増えすぎると環境に悪影響を与え，
食料なども不足するので増殖率は時間と共に変化してい
く．時刻 t での増殖率 $r(t)$ が

$$r(t) = \varepsilon - \lambda N(t) = \varepsilon\left(1 - \frac{N(t)}{K}\right), \quad K = \frac{\varepsilon}{\lambda} \qquad (3)$$

となる増殖をロジスティック増殖という．ε は内的自然増
殖率，λ は種内競争係数と呼ばれる．$N(t)$ が大きくなると
増殖率 $r(t)$ は小さくなる．この場合，方程式(3)は

$$\frac{d}{dt}N(t) = \varepsilon\left(1 - \frac{N(t)}{K}\right)N(t) \qquad (4)$$

となる．$N(t) < K$ であれば(4)の右辺は正，したがって
$N(t)$ の微分係数は正であるので $N(t)$ は時間と共に増加す
る．

一方 $N(t) > K$ であれば(4)の右辺は負になり，した
がって $N(t)$ の微分係数は負となり，$N(t)$ は時間と共に減
少する．どちらの場合も長時間たつと $N(t)$ は K に近づく
ことが微分方程式(4)を解くことによって分かる．

$$f(t) = \frac{AK}{A + (K-A)e^{-\varepsilon t}}$$

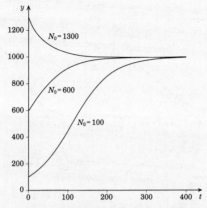

$N_0 = 100, \ N_0 = 600$ および $N_0 = 1300$,
$K = 1000, \ \varepsilon$ が 0.02 の場合のロジスティック曲線

とおくと

$$f'(t) = -\frac{AK\{-\varepsilon(K-A)\mathrm{e}^{-\varepsilon t}\}}{\{A+(K-A)\mathrm{e}^{-\varepsilon t}\}^2}$$

$$= \varepsilon\frac{(K-A)\mathrm{e}^{-\varepsilon t}}{A+(K-A)\mathrm{e}^{-\varepsilon t}}f(t) = \varepsilon\left(1-\frac{f(t)}{K}\right)f(t)$$

となることが分かる．したがって $f(t)$ は (4) の解であり $f(0) = A$ であることより $A = N_0$ とおけば (4) の $N(0) = N_0$ となる解であることが分かり

$$N(t) = \frac{N_0 K}{N_0+(K-N_0)\mathrm{e}^{-\varepsilon t}}$$

となることが分かる．$t \to +\infty$ のとき，$\mathrm{e}^{-\varepsilon t} \to 0$ であるので $t \to +\infty$ のとき $N(t) \to K$ であることが分かる．$N(t)$ のグ

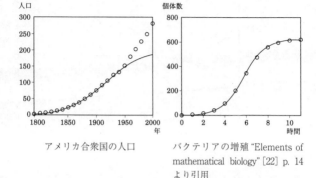

アメリカ合衆国の人口　　　　バクテリアの増殖 "Elements of
mathematical biology" [22] p. 14
より引用

ラフは図のような形をしている．この曲線をロジスティッ
ク曲線*)と呼ぶ．

　上の図の左はアメリカ合衆国の人口の変化である．1940
年頃まではロジスティック曲線と比較的一致するが，その
後の人口増加はロジスティック曲線では説明できない．一
方，右の図のバクテリアの増殖ではロジスティック曲線に
近いものが現れる．また，『数学で考える環境問題』[23]の
第4章「タンチョウの数はどう変化するか」では，北海道
釧路湿原での丹頂鶴の個体数の変化がロジスティック曲線

––––––––––––––––––––––––

*)　ロジスティック曲線を最初に見出したのはベルギーの統計学
　　者 P. F. Verhulst である．彼は人口の増加はS字状の曲線である
　　として，この曲線をロジスティック曲線と名づけた(1838年およ
　　び 1845 年)．ロジスティックは当時のフランスでは "計算の技巧"
　　という意味を持っており，兵站の意味で使われたのではないよう
　　である．

に近いことが論じられている.

離散時間でのロジスティック曲線

　昆虫などのように世代の交代が周期的に起こって, 個体
群の中に世代の重なり合いがまったく起こらない場合があ
る. このような場合は離散時間 ns で考える必要がある.
増殖率が $N(n)$ に比例して減少するものと考え

$$R(n) = \varepsilon\left(1 - \frac{N(n)}{K}\right)$$

とおくと(1)によって

$$N(n+1) = \left\{1 + \varepsilon\left(1 - \frac{N(n)}{K}\right)\right\}N(n)$$

となる. ここで

$$a = 1 + \varepsilon, \quad x_n = \frac{\varepsilon}{1 + \varepsilon}\cdot\frac{N(n)}{K}$$

とおくと, 上の式は

$$x_{n+1} = a(1 - x_n)x_n \tag{5}$$

と書き直すことができる.

　2次関数 $y = a(1 - x)x$ のグラフを書くと x_n での y の値
が x_{n+1} になる. そこで $y = x_{n+1}$ とグラフ $y = x$ との交点
を求めると, その x 座標が x_{n+1} になるので, 同様の操作
を行うことによって $x_{n+2}, x_{n+3}, \cdots$ と次々に求めていくこ
とができる.

　ところで仮定からすべての n について $x_n \geqq 0$ でなけれ
ばならないので(5)から $0 < x_n < 1$ であると考えられる.

また(5)の右辺の最大値は$\dfrac{a}{4}$であるので，$a < 4$であると考えられる．

　$0 < a \leqq 1$のときは2次関数$y = a(1-x)x$のグラフと$y = x$とは原点以外では交わらないので上のx_nからx_{n+1}を求める方法によって

$$\lim_{n \to \infty} x_n = 0$$

であることが分かる．$a > 1$のときは$y = a(1-x)x$のグラフと$y = x$とは原点の他に一点x^*（たとえば$a = 1.6$のときは$x^* = 0.375$）で交わる．もし$x_0 = x^*$であればすべてのnに対して$x_n = x^*$となる．すなわちx^*は$f(x) = a(1-x)x$を写像と考えると写像の不動点になっている．

　さらにこの不動点x^*が，$y = a(1-x)x$のグラフが最大値をとる$x = \dfrac{1}{2}$の左にあるか右にあるかによってx_nの$n \to \infty$の挙動に大きな違いが出てくる．

　もし$1 < a \leqq 2$であれば$x^* \leqq \dfrac{1}{2}$となり，$x_0 > 0$であればx_nは次第にx^*に近づいていくことが図より容易に分かる．さらにaが$3.5699\cdots$を越えるとx_0の値の微妙な違いによってまったく異なる振る舞いが起こることが知られている．この事実はロバート・メイによって初めて見出され（[25]，[26]），カオスがごく身近に存在することが明らかになった．

　より詳しくは次のことが分かっている（[24]）．

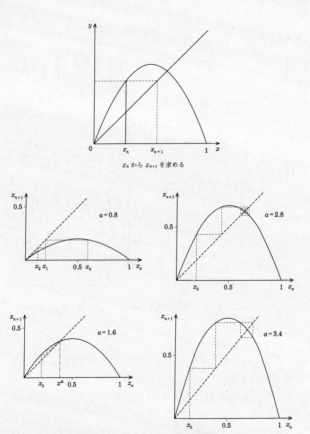

x_n から x_{n+1} を求める

$a = 0.8, 1.6, 2.8, 3.4$ の場合の個体数の変位の計算図式. 『数理生態学』[24]p. 15 より引用

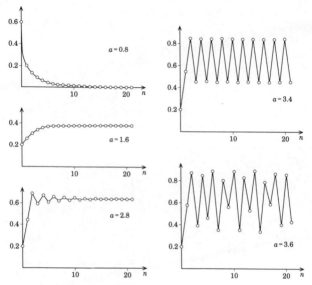

$a = 0.8, 1.6, 2.8, 3.4, 3.6$ の場合の個体数の変位. 『数理生態学』[24] p. 16 より引用

　　$2 < a \leqq 3$ のときには x_n は増加して x^* を越え，あとは減衰振動しながら x^* に近づいていく.

　　$3 < a \leqq 3.45$ のときには x_n は周期 2 の振動に近づいていく.

　　$3.45 < a \leqq 3.5699$ のときには a の値が増大するにつれて $4, 8, 16, 32, \cdots$ と 2 のべきの周期変動が次々に現れる. それらに対応する a の範囲は $3.5699\cdots$ に集積する.

　　3.57 < a < 4 のとき，初期値の微小な変化によって $\{x_n\}$ の挙動はまったく違ったものになる(いわゆるカオスが出現する).

≪研究課題≫　Excel などの表計算ソフトを使って a の値を変えて x_n を計算してグラフを描き，上の結果を追認してみよう.

●文献————

[1]　宮崎勇・田崎禎三著『世界経済図説(第四版)』，岩波新書 1830

[2]　熊澤峰夫・伊藤孝士・吉田茂生編『全地球史解読』，東京大学出版会

[3]　小宮山宏著『地球持続の技術』，岩波新書 647

[4]　気候変動に関する政府間パネル(IPCC)の第 4 次評価報告書　第 1 作業部会報告書(自然科学的根拠)の公表について：
http://www.data.kishou.go.jp/climate/cpdinfo/ipcc/ar4/index.html
第 6 次評価報告書第 1 作業部会報告書の概要については http://www.data.ja.go.jp/cpdinfo/icpp/ar6/index.html

[5]　池内了著『私のエネルギー論』，文春新書 141

[6]　小寺隆幸著「環境問題を関数で考える」第 4 回山本敏夫基金による公開記念講座，慶應義塾大学文学部人間関係学科教育学専攻(発行)

[7]　武田邦彦著『リサイクル幻想』，文春新書 131

[8]　武田邦彦著『偽善エコロジー』，幻冬舎新書 81

[9]　P. A. Stott, S. F. B. Tett, G. S. Jones, M. R. Allen, J. F. B. Mitchel & G. J. Jemkines: *External Controll of 20th Century Temperature by Natural and Anthropogenic Forcing*, Science **290**（2000 年 12 月 15 日号），2133-2137

[10]　F. W. Zwiers & A. J. Weaver: *The Causes of 20th Century Warming*, Science **290**（2000 年 12 月 15 日号），2081-2083（論文[8]の解説）

[11]　伊藤公紀著『地球温暖化——埋まってきたジグソーパズル』，シリーズ・地球と人間の環境を考える〈01〉，日本評論社

[12]　アル・ゴア著『不都合な真実　ECO 入門編——地球温暖化の危機』，枝廣淳子訳，ランダムハウス講談社

[13]　A. J. Majda: *Real World Turbulence and Modern Applied Mathematics*, Mathematics: Frontiers and Perspectives, 137-151, AMS, 2000

[14]　バージェス＆ボリー著『微分方程式で数学モデルを作ろう』，垣田高夫・大町比佐栄訳，日本評論社

[15]　今中利信・廣瀬良樹著『環境・エネルギー・健康 20 講』，化学同人

[16]　横山裕道著『いま地球に何が起こっているか—— 21 世紀の地球・環境学』，ぴいぷる社

[17]　三橋規宏著『ゼロエミッションと日本経済』，岩波新書 491

[18]　向後元彦著『緑の冒険——砂漠にマングローブを育てる』，岩波新書 28

[19]　遠山柾雄著『沙漠を緑に』，岩波新書 287

[20]　定方正毅著『中国で環境問題にとりくむ』，岩波新書 690

[21]　林竹二『田中正造の生涯』，講談社現代新書 442

[22]　Elements of mathematical biology, Springer

[23]　小寺隆幸著『数学で考える環境問題』，明治図書

[24]　寺本英著『数理生態学』，朝倉書店

[25]　R. M. May: *Biological Populations with Nonoverlapping Generations: Stable Points, Stable Cycles, and Chaos*, Science **186**(1974), 645-657

[26]　R. M. May: *Simple Mathematical Models with Very Complicated Dynamics*, Nature **261**(1976), 459-467

[27]　吉田善章著『非線形科学入門』，岩波書店

[28]　小川束著『環境のための数学』，朝倉書店

[29]　グレタ・トゥーンベリ編著『気候変動と環境危機　いま私達にできること』，東郷えりか訳，河出書房新社

[30]　S. E. クーニン著『気候変動の真実　科学は何を語り，何を語っていないか』，三木俊哉訳，日経 BP

4章
芸術と数学

　芸術と数学は遠く離れているようで近い部分もある．特に，数学の研究そのものは美の探求と深く関わる部分がある．それだけでなく第1章1.9「ピュタゴラスと和音」で述べた和音の解析は比例理論の進展をもたらした．ここでは和音以外にもっと身近な，しかしあまり議論されていない芸術と数学が深くかかわる例を取りあげてみよう．

4.1　透視図法
　絵画と数学といえば，すぐ念頭に浮かぶのは，対称性を記述する群論的考え方や黄金比がある．これらに関しては優れた著作が出版されている（[1]，[2]，[3]）のでこれらの成書にまかせることにする．また黄金比と関係してフィボナッチ数は大変面白い研究対象である．[4]，[5]を参考にしてその面白さを味わってほしい．

　この節では絵画の遠近法を取りあげてみよう．昔から芸術家は絵画の世界で様々な遠近法を使ってきた．遠近法は，平面に描かれた絵画を，見る人が，遠くにある物を遠くにあるように，近くにある物を近くに感じることができるように描く手法である．もっとも遠近法というときはそ

の代表である透視図法を指すことが多いが，広い意味での
遠近法は透視図法とは限らない．唐詩で有名な王維
(699-759)は山水画の名手でもあり，南宗画の祖の一人と
されている．王維は絵に遠近感を出すために

　　「丈山尺樹　寸馬豆人　遠人無目　遠樹無枝　遠山無
　　　皴　隠隠如眉　遠水無波　高与雲斉」，

と述べたと伝えられている．すなわち，山は大きく描き，
木や，馬や人は小さく描き，遠くの人の目は描かず，遠方
の木は枝も描かず，遠方の山はその皴を描かず，遠くの水
は波を描かないと遠近感が出てくると述べている．このよ
うな工夫とともに，水墨画では墨の濃淡，線の太さやかす
れ具合，筆使いの速度や力の入れ具合などで遠近を表現す
ることができる．元の黄公望著『写山水訣』では

　　「作畫用墨最難．但先用淡墨積．至可觀處．然後用焦
　　　墨濃墨．分出畦径遠近．故在生紙上有許多滋潤處．李
　　　成惜墨如金是也．」

と記し，淡墨を用い重ねていき，最後に焦墨(膠のない枯
れた墨，これで書くとかすれたところができる)や濃墨を
用いて道筋や遠近を画き分けると言っている．

《研究課題》　絵画で遠近感を出すためにどのような手法
が用いられているかを調べてみよう．

　さて，遠近法の中でも透視画法と呼ばれる手法は遠近感
を出すのに際だっている．透視画法は画家の目から見た風

景をキャンバスにそのまま写したものと考えることができ
る.

　透視画法は日本では産まれずに, 江戸時代に我が国に輸
入された. 司馬江漢(1747-1818)が透視画法を使ったこと
は有名であるが, 浮世絵にも西洋の透視図法の影響がある
ことはよく知られている.

　遠近法の活用にはそれが産まれる文化的・文明的な基盤
が必要である. イタリアの教会に行くと思いもかけないと
ころに窓があり, 遠くの田園風景が見えて驚かされること
がある. さらに, それが, 実際の窓ではなく絵画であるこ
とに気づき, そのだまし絵の写実の確かさに再度驚かされ
る.

　透視画法の原型はヘレニズム時代に既に見出されるとも
いわれるが, その理論を作り上げたのはルネッサンス期の
イタリアの芸術家である. 建築家ブルネレスキ(1377-
1446)はカメラ・オブスキュラ(ピンホール・カメラ)を使
って風景をキャンバスに描く試みを通して後述する消失点
の存在に気づき, アルベルティ(1404-72)は「絵画論」の
中で透視画法の原理を理論化した. ドイツの画家デュー
ラー(1471-1528)はイタリアで透視画法を学び, 透視画を
描く機器を考案し, それを生かしたエッチングを作成して
いる. 後述するように透視画法は数学の射影幾何学と密接
に関係している.

　さて, 風景をキャンバスに見えたとおりに描くとどのよ
うになるだろうか. それは次のように考えられる.

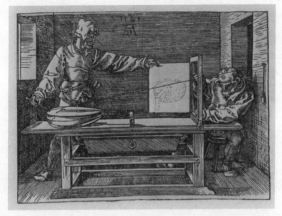

デューラー「透視画を描いているエッチング」

　議論を簡単にするためキャンバスは地面に垂直に立てら
れていると仮定しよう(実際は以下の議論から分かるよう
にこの仮定は不要である). また, 地面は平面になってい
ると仮定する.

　まず地表にある図形がどのように見えるかを考えてみよ
う. 私たちは二つの目でものを見ているが, これも議論を
簡単にするために目を一点Pに替え, この一点と地面の
図形の各点を結ぶ直線がキャンバスと交わる点を考え, 図
形の点を動かしていくことによってキャンバス上を点が動
いて図形を描くと考えよう. すぐに分かることであるが,
地面の上の直線 l はキャンバス上でも直線になる. 正確に
は半直線である. この半直線は点Pと直線 l からできる平

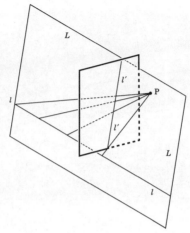

点Pと直線 l からできる平面 L とキャンバスとの交わり l' は直線になる

面 L とキャンバスとの交わりとして捉えることができる.

　ところで，画家の目からは地表の直線は地平線までしか見えない．点Pを通り地面と平行な平面 H とキャンバスとの交わりは直線 h になる．（右頁図．これは目の位置よりキャンバスの上端が上にある場合である．もしキャンバスの上点が目の位置より下にあれば直線 h はキャンバスには現れない.）直線 h は地平線に対応する．したがってキャンバス上では直線 h の上側には地表の図形は描かれない．しかし平面 L とキャンバスの交わりとして現れる直線は直線 h の上側にも現れる．

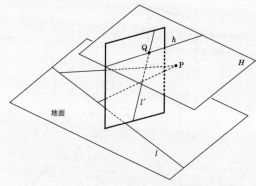

平面 L とキャンバスとの交わり l' は直線 h と交わる

　直線 h の上側に現れる半直線は次頁の図より明らかの
ように，地表の直線 l の画家の後ろ側にある部分に対応し
ている．私達は後ろを見ることができないので，直線のこ
の部分はキャンバスに描くことはできないが，地表の直線
上のすべての点とキャンバスの点との対応を純粋に数学的
に考えれば，直線 h より上にある部分も意味をもつ．

　画家の目から見える直線は地平線で消えているが，キャ
ンバス上では直線 h との交点として地平線で消えたはず
のところに l' と h の交点 Q が現れる．この点を消失点と
いう．地平線で消えた点がキャンバス上で現れる点であ
る．また，画家の後方にある部分の直線を地平線までたど
るとキャンバス上では再び点 Q に到達する．このように，
本来は存在しない無限の彼方の点がキャンバス上では現

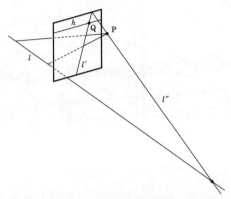

直線 l' の直線 h より上にある部分は見えない後ろの半直線に対応する

れ，おまけに直線 l 上のどちらの向きに行っても同じ点に
なる．一方，キャンバスと平行で点 P を通る平面（すなわ
ち点 P を通り地面と直交する平面）と直線 l との交点は
キャンバスが無限に広がっているとしてもキャンバス上に
は描けないので現れない．数学的にはこのように，一見奇
妙な現象がキャンバス上で観察される．

　次に直線 l と平行な直線 m をキャンバスに描いてみよ
う．キャンバス上で直線 m' が現れるが，この m' と直線
h との交点はどのようになるのだろうか．それを考えるた
めには，点 P と直線 l からできる平面 L 上で点 P を通る
直線 l と平行な直線 l'' を引く．直線 l と m が平行である
ことを考えると直線 m と直線 l'' は同一平面にあることが
分かる．したがって直線 m' と直線 h との交点は直線 l' と

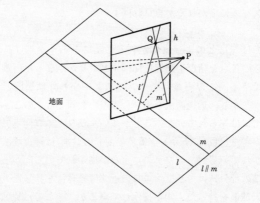

直線 h 上の各点は地表の平行線の傾きに1対1に対応する

h との交点と同じ消失点 Q である．地表で平行な直線が
キャンバス上では直線 h 上の点 Q で交わる．平行線がす
べて同じ点で交わることに注意しよう．また，逆にキャン
バス上で直線 h 上の点 Q' を通る直線は地表では平行な直
線に対応する．このように，直線 h 上の点は地表上の平
行線の傾きに対応している．ただし，キャンバスと平行な
直線はキャンバス上でも h と平行な直線になる．

≪研究課題≫　地表の平行四辺形はキャンバスではどのよ
うな図形になるか．また地面に置かれた直方体はキャンバ
ス上でどのような図形になるか．実際に作図してみよう．
（地面に垂直な平面上の平行線がどのような直線としてキ

ャンバスに描かれるかを見ればよい.）

　では球はどのように描かれることになろうか. 点Pか
ら球の各点を結び半直線に伸ばすと中身が詰まった円錐形
ができる. この円錐とキャンバスとの交わりは楕円とな
る. しかし, 透視画法を用いた実際の絵画ではこのことは
厳密には守られていないことが多い. ラファエロ作『アテ
ネの学堂』（ヴァチカン「署名の間」の壁画）は透視画法で
描かれているが, ラファエロ自身が描かれている向かって
右端の部分には, ラファエロの近くに地球儀を持った人物
と天球儀を持った人物が描かれているが, そこでは地球儀
と天球儀は楕円体よりは球に近い形で描かれている.

　ところで, 地表と平行な平面上にある図形は地表の図形
と本質的に同じ取り扱いができる. したがって, 透視画法
の原理は点Pからキャンバス上の図形を地表に射影して
できる図とが対応することになっている. この対応は射影
変換と呼ばれる対応の特別な場合である.

　透視画法の原理は数学的には射影幾何学として展開する
ことができる. 射影幾何学は射影変換に関して不変な性質
を調べる学問である. 透視画法の原理はフランスの数学者
デザルグによって画法幾何学としてまとめられたが, 理解
されず, 18世紀になってフランスの数学者ポンスレが射
影幾何学を建設してはじめてデザルグの幾何学が認められ
た. 射影幾何学については『ユークリッド幾何から現代幾
何へ』[6]を参照のこと.

≪研究課題≫　日本の絵巻物に見られるように大和絵では
透視画法は使われず，遠くにあるものはキャンバスの上に
平行に移動して描かれている．このことを絵巻の複製や美
術書によって確かめてみよう．数学的にはこれは風景をア
フィン変換して描いたことになる．（絵巻物では右から左
の方向には時間変化を描いている.）

4.2　大野の法則

　この節では文学と数学との関係を取りあげてみよう．絵
画や音楽と違って数学の理論が文学そのものと直接関係す
ることはないが，それでもいくつかの面白い関係がある．
ロシアの数学者マルコフ（1856-1922）はプーシキンの小説
『エフゲニー・オネーギン』に現れる単語の母音と子音を
調べて，マルコフ過程の例になっていることを見いだして
いる．

　この節では文学作品の品詞に関する大野の法則を取りあ
げる．

　1956年に大野晋は『万葉集』，『源氏物語』，『土佐日記』
など，当時索引が作られていた九つの古典の総索引から品
詞ごとに属する見出し語を数えて品詞構成率を計算し（す
べての語彙にわたる品詞の構成比率を計算するのではな
く，作品に現れる異なる語彙の品詞構成率を問題にしてい
ることに注意），表を作成した．そして，『万葉集』と『源
氏物語』の名詞，動詞，形容詞，形容動詞などの構成率を
グラフに目盛り線で結ぶと，他の古典作品の品詞構成率も

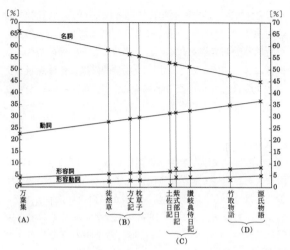

大野の法則[大野晋『基本語彙に関する二三の研究』による]([7]より)

ほぼこの線上にあることを見いだした. そして, 品詞構成率が文学のジャンルごとにほぼ一定であることと, 名詞は(A)詩歌集, (B)随筆, (C)日記, (D)物語の順に減少し, 動詞と形容詞は名詞と逆の傾向にあることを指摘した.

その後, 水谷静夫は大野の法則を数学的に書き直し, 任意の三作品の語彙の名詞構成率を X_0, x, X_1, 動詞や形容詞など他の品詞を一つ固定してその品詞の構成率をそれぞれ Y_0, y, Y_1 とすると

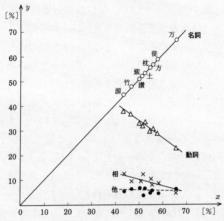

水谷による大野の法則［水谷静夫「語彙に関する分布
問題」による］([7]より)

$$\frac{y - Y_0}{Y_1 - Y_0} = \frac{x - X_0}{X_1 - X_0}$$

が近似的に成り立つとした. すなわち名詞と他の品詞との
間には近似的に1次の関係があるとした.

≪研究課題≫ 大野晋が作成した下の表から名詞と動詞に
関してこのことを確かめてみよう.

	万葉集	徒然草	方丈記	枕草子	土佐日記	紫式部日記	讃岐典侍日記	竹取物語	源氏物語
名詞	66.5	58.57	56.58	55.58	53.01	52.26	50.85	47.39	44.27
動詞	22.05	28.50	29.84	29.54	32.67	31.87	32.78	36.48	37.81

　この大野の法則に対しては山口仲美が疑問を呈している．それは語彙表で複合動詞をどう取り扱うかによって動詞比率が変わってくること，そのため大野が用いた「万葉集総索引」では動詞比率が低く出ることなどを指摘している．しかしながら大野の法則を再検討した『近代日本語の語彙と語法』[8]では，こうした指摘にもかかわらず，大野の法則は大体の傾向としては正しいとしている．大野の法則を調べるための基礎作業として，この節では[7]にならって品詞構成の割合を調べる方法を紹介しよう．実際には[7]では，品詞ではなく文節に分けて品詞を調べているので，助詞，助動詞は考察の対象外となっている．

　[7]では宮沢賢治の『銀河鉄道の夜』の一部が分析されているので，小説と詩との品詞構成の違いを見るために，ここでは宮沢賢治の詩集『春と修羅』から短い詩「雲の信号」を取り上げる．

<blockquote>

<雲の信号>

あゝいゝな，せいせいするな

風が吹くし

農具はぴかぴか光ってゐるし

山はぼんやり岩頸（がんけい）だって岩鐘（がんしょう）だって

みんな時間のないころのゆめをみてゐるのだ

そのとき雲の信號は

もう青白い春の

禁欲のそら高く掲（かか）げられてゐた

</blockquote>

　　　山はぼんやり
　　　きっと四本杉には
　　　今夜は雁もおりてくる

　詩の本文を[7]にならって整形して品詞付き見出し語テ
キストを作成する．文章を各文節に分け文節末に
　　　吹くし[ふく【吹く】動]
のように文節の基本語をひらがなで括弧[の後に記し，括
弧【　】内には原則として漢字を使って基本語を表現し，
さらにその後に品詞名をいれる．括弧[　]内は，ちょうど
国語辞書の見出し語の表示に近い．ただし，単に動詞や名
詞の使用度数を知るだけであればこの操作は余分である
が，それ以上のデータを調べたいときには便利な方法であ
る．

　　　あ、[ああ【ああ】感]
　　　いゝな[いい【好い】形]
　　　せいせいするな[せいせいする【清清する】形動]
　　　風が[かぜ【風】名]
　　　吹くし[ふく【吹く】動]
　　　農具は[のうぐ【農具】名]
　　　ぴかぴか[ぴかぴか【ぴかぴか】副]
　　　光って[ひかる【光る】動]
　　　ゐるし[いる【居る】動]
　　　山は[やま【山】名]

ぼんやり［ぼんやり【ぼんやり】副］

岩頸だって［がんけい【岩頸】名］

岩鍾だって［がんしょう【岩鍾】名］

みんな［みんな【皆】名］

時間の［じかん【時間】名］

ない［ない【無い】形］

ころの［ころ【頃】名］

ゆめを［ゆめ【夢】名］

みて［みる【見る】動］

ゐるのだ［いる【居る】動］

その［その【其の】連体］

とき［とき【時】名］

雲の［くも【雲】名］

信號は［しんごう【信号】名］

もう［もう【もう】副］

青白い［あおじろい【青白い】形］

春の［はる【春】名］

禁欲の［きんよく【禁欲】名］

そら［そら【空】名］

高く［たかい【高い】形］

掲げられて［かかげる【掲げる】動］

ゐた［いる【居る】動］

山は［やま【山】名］

ぼんやり［ぼんやり【ぼんやり】副］

きっと［きっと【きっと】副］

四本杉には[よんほんすぎ【四本杉】名]

今夜は[こんや【今夜】名]

雁も[かり【雁】名]

おりて[おりる【降りる】動]

くる[くる【来る】動]

　基本語数は 40，名詞の総数は 19 で異なる名詞の数は 18 （「山」が二回現れる），動詞の総数は 9 で異なる動詞の数は 7（「いる」が三回現れる），副詞の総数は 5 で異なる副詞の数は 4（「ぼんやり」が二回現れる），形容詞の総数は 4 ですべて異なっており，連体詞が 1，形容動詞が 1，感動詞が 1 である．（形容動詞を品詞として認めない人も多い．『広辞苑』（岩波書店）は形容動詞を認めていない．一方『新明解国語辞典』（三省堂）は形容動詞を品詞として認めている．）

　上の詩だけではサンプル語数が極端に少ないので信頼性に欠けるが，異なる名詞の数は異なる動詞数のほぼ 2.6 倍である．『万葉集』と確かに似ている．ちなみに[7]で『銀河鉄道の夜』の一部を解析しているが，そこでは異なる名詞の数は 63，動詞の数は 34 で詩の場合と小説の場合との違いが現れているように見える．しかし，これではいかにもサンプル数が少なすぎるので，皆で手分けしてサンプル数を増やすとより確実性が増す．

≪研究課題≫　宮沢賢治の詩集『春と修羅』のうちで比較

的短い詩をいくつか選んで，上と同様の操作をして異なる語および重複を許したすべての語(のべ語)の各品詞の数を調べてみよう．同様に，宮沢賢治の『銀河鉄道の夜』のテキストを一つ選び，乱数表を使って行番号を 10 選んで，選んだ行に関して同様に異なる語および重複を許したすべての語の各品詞数を調べてみよう．

　以上のことをいくつかのグループで行って結果の比較とデータを詩と『銀河鉄道の夜』とでそれぞれ合わせて詩と小説で品詞構成に差がでてくるかを調べてみよう．

　以上は，小説や詩にでてくる異なる語の品詞構成割合を考えたが，重複も許してすべての語を問題にして品詞の構成比率を考える樺島の法則がある．この場合は品詞を四つに大別する．N は作品中に現れる名詞ののべ語数の割合，V は動詞の割合，M は形容詞，形容動詞，副詞，連体詞をまとめて考えた場合ののべ語数の割合，I は接続詞，感動詞ののべ語数の割合とする．ただし割合はパーセントで表す．すると次の近似式がなりたつ．

$$M = 45.67 - 0.60N,$$
$$\log I = 11.67 - 6.56 \log N,$$
$$V = 100 - (N + M + I)$$

論文[9]では『源氏物語』に関して樺島の法則に言及している．『源氏物語』など古典の索引もインターネット上で公開されるようになっているので，大野の法則，樺島の法則のさらなる精密化を試みることも可能になっている．

《研究課題》　ひとつ前の研究課題で作ったデータを使って，樺島の法則がどれくらい適用できるかを調べてみよう．

　以上は，文章のデータ解析のほんの一部を見たにすぎない．『源氏物語』のように，和歌を大量に含んだ文章では和歌の使用度数の割合とか，あるいはこれまで無視してきた助詞や助動詞の使用割合なども当然考察の対象になる．『真贋の科学』[10]ではこうした観点から文献を取り扱う計量文献学について述べられており興味深い本である．たとえば，『源氏物語』の前半44巻と後半の宇治十帖をこうした観点から比較して作者が違う可能性が指摘されている．

●文献──

[1]　柳亮著『黄金分割──ピラミッドからル・コルビュジェまで』，美術出版社

[2]　柳亮著『続 黄金分割──日本の比例』，美術出版社

[3]　ヘルマン・ヴァイル著『シンメトリー』，遠山啓訳，紀伊國屋書店

[4]　ベングト・ウリーン著『シュタイナー学校の数学読本──数学が自由なこころをはぐくむ』，丹羽敏雄・森章吾訳，三省堂

[5]　R. A. ダンラップ著『黄金比とフィボナッチ数』，岩永恭雄・松井講介訳，日本評論社

[6]　小林昭七著『ユークリッド幾何から現代幾何へ』，日本評論社

［7］　伊藤雅光著『計量言語学』，大修館書店

［8］　田中章夫著『近代日本語の語彙と語法』，東京堂出版

［9］　上田英代・村上征勝・今西祐一郎・樺島忠夫・藤田真
　　　理・上田裕一「源氏物語の数量分析——会話文と地の
　　　文における文体の特徴」
　　　http://www.genji.co.jp/1997/ron9703.htm

［10］　村上征勝著『真贋の科学——計量文献学入門』，朝倉
　　　書店

［11］　ダン・ペドウ著『図形と文化』，磯田浩訳，法政大学
　　　出版局

［12］　志賀浩二・上野健爾・森田茂之著『高校生に贈る数
　　　学』II，岩波書店

付録
微分積分について

　本書第2章では第3節，第3章では第5節で微分の考え
方を，第3節，第6節で積分の考え方を使って議論をし
た．また第5節，第7節では簡単な微分方程式も登場し
た．この付録では，微分・積分の考え方をもう少し詳しく
説明し，微分・積分の考え方が，変化を記述する上でかか
せないものであることを説明したい．

1　微分
　台風が来たときに天気予報で最大瞬間風速という言葉を
よく耳にする．風速を計るためにはある程度の時間が必要
となるので瞬間風速は本当は意味がない．実際には，0.25
秒の間隔で3秒間風速を計ってその平均を瞬間風速として
いる．私たちの感覚では0.25秒はほとんど瞬間に近いの
で瞬間風速と呼んでもそれほど違和感はないであろう．瞬
間を字義通りに数学で考えたものが微分である．
　私達のまわりには変化するものがたくさんある．そうし
たものの時々刻々の変化は時間 t の関数 $f(t)$ として表すこ
とができる．このとき，時間 t_0 から極短い時間間隔 Δt の
間の変化は

$$f(t_0+\Delta t)-f(t_0)$$

で表され，Δt の間の平均の変化率は

$$\frac{f(t_0+\Delta t)-f(t_0)}{\Delta t} \qquad (1)$$

と考えることができる．瞬間的な変化の割合は Δt をどんどん小さくしていったとき(1)が近づいていったときの値と考えられる．実際には，Δt を小さくしていったときに(1)の値が無限に大きくなっていったり，値が定まらなかったりすることも起こりうる．そこで(1)の Δt をどんどん小さくしていって考えることを

$$\lim_{\Delta t\to 0}\frac{f(t_0+\Delta t)-f(t_0)}{\Delta t} \qquad (2)$$

と記し，この値が実際に確定するときに $f(t)$ は $t=t_0$ で**微分可能**といい，その値を $f'(t_0)$ や $\dfrac{df}{dt}(t_0)$ などと記し，点 t_0 での**微係数**または**微分係数**という．

たとえば関数が1次関数

$$f(t)=at+b$$

のときは

$$f(t_0+\Delta t)-f(t_0)=a\Delta t$$

となり，平均変化率

$$\frac{f(t_0+\Delta t)-f(t_0)}{\Delta t}=\frac{a\Delta t}{\Delta t}=a$$

は一定となる．したがって Δt を0に近づけるまでもなく $f'(t_0)=a$ となり，微係数は t によらず一定である．一方

$$f(t) = at^2$$

と，関数が2次関数のときは

$$f(t_0 + \Delta t) - f(t_0) = 2at_0 \Delta t + a(\Delta t)^2$$

より

$$\frac{f(t_0 + \Delta t) - f(t_0)}{\Delta t} = 2at_0 + a\Delta t$$

である．したがって，Δt をどんどん小さくしていくと $a\Delta t$ もどんどん小さくなるので

$$\lim_{\Delta t \to 0} \frac{f(t_0 + \Delta t) - f(t_0)}{\Delta t} = 2at_0$$

であることが分かる．関数 $f(t)$ がすべての t で微分可能であれば，t に対して $f'(t)$ を対応させることによって関数 $f'(t)$ が定まる．これを関数 $f(t)$ の導関数という．導関数は $\frac{df}{dt}(t)$ と記すことも多い．

　導関数 $f'(t)$ が点 t_0 で微分可能であれば，点 t_0 での微分係数を $f''(t_0)$ または $\frac{d^2 f}{dt^2}(t_0)$ と記し，$f(t)$ の点 t_0 での2次微分係数という．すべての点で $f'(t)$ が微分可能のとき，$f'(t)$ の導関数を $f''(t)$ または $\frac{d^2 f}{dt^2}$ と記し，$f(t)$ の2次導関数という．以下同様に3次以上の微分係数，3次以上の導関数を定義することができる．

$$f(t) = t^n, \quad n = 1, 2, \cdots$$

の導関数を求めてみよう．二項定理(1章10節)により

$$(t+\Delta t)^n = t^n + nt^{n-1}\Delta t + \frac{n(n-1)}{2}t^{n-2}(\Delta t)^2 + \cdots$$

$$+ \frac{n(n-1)\cdots(n-k+1)}{k!}t^{n-k}(\Delta t)^k + \cdots + (\Delta t)^n$$

であり

$$\frac{f(t+\Delta t)-f(t)}{\Delta t} = nt^{n-1} + \frac{n(n-1)}{2}t^{n-2}\Delta t + \cdots + (\Delta t)^{n-1}$$

となるので,

$$f'(t) = nt^{n-1}$$

であることが分かる.

　関数 $y = f(x)$ のグラフを描けば微分係数 $y = f'(x_0)$ の幾何学的な意味が明らかになる.

$$\frac{f(x_0+\Delta x)-f(x_0)}{\Delta x}$$

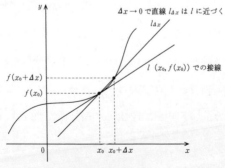

微分係数は接線の傾き

はグラフの2点$(x_0, f(x_0))$, $(x_0+\Delta x, f(x_0+\Delta x))$を通る直線の傾きを表し, したがって $\Delta x \to 0$ の極限は点$(x_0, f(x_0))$での接線の傾きを表す. このことから接線を引けないグラフの点では関数は微分できないことが分かる.

微分は次の性質を持っている.

1. 定数 a, b と関数 $f(x), g(x)$ に対して
$$(af(x)+bg(x))' = af'(x)+bg'(x).$$

2. 関数 $f(x), g(x)$ に対して
$$(f(x)g(x))' = f'(x)g(x)+f(x)g'(x).$$

3. 関数 $f(x), g(x)$ に対して $g(x)$ が 0 にならない点では
$$\left(\frac{f(x)}{g(x)}\right)' = \frac{f'(x)g(x)-f(x)g'(x)}{g(x)^2}.$$

証明の概略は次の通りである.

(1)
$$\frac{af(t+\Delta t)+bg(t+\Delta t)-af(t)-bg(t)}{\Delta t}$$
$$= a \cdot \frac{f(t+\Delta t)-f(t)}{\Delta t} + b \cdot \frac{g(t+\Delta t)-g(t)}{\Delta t}$$

であるので $\Delta t \to 0$ として求める公式を得る.

(2)
$$\frac{f(t+\Delta t)g(t+\Delta t)-f(t)g(t)}{\Delta t}$$
$$= \frac{(f(t+\Delta t)-f(t))g(t+\Delta t)+f(t)(g(t+\Delta t)-g(t))}{\Delta t}$$
$$= \frac{f(t+\Delta t)-f(t)}{\Delta t} \cdot g(t+\Delta t) + f(t) \cdot \frac{g(t+\Delta t)-g(t)}{\Delta t}$$

であるので $\Delta t \to 0$ として求める公式を得る.

(3)　$\left\{\dfrac{f(t+\Delta t)}{g(t+\Delta t)}-\dfrac{f(t)}{g(t)}\right\}\Big/ \Delta t$

$$= \frac{f(t+\Delta t)g(t)-f(t)g(t+\Delta t)}{g(t+\Delta t)g(t)\Delta t}$$

$$= \frac{(f(t+\Delta t)-f(t))g(t)-f(t)(g(t+\Delta t)-g(t))}{\Delta t \cdot g(t+\Delta t)g(t)}$$

$$= \left\{\frac{f(t+\Delta t)-f(t)}{\Delta t}\cdot g(t)-f(t)\cdot \frac{g(t+\Delta t)-g(t)}{\Delta t}\right\}$$

$$\times \frac{1}{g(t)g(t+\Delta t)}$$

であるので $\Delta t \to 0$ として求める公式を得る.

　これらの公式を使うことによって微分の計算は容易になる. さらに関数 $h(t)$ が二つの関数の合成になっているとき:

$$h(t) = f(g(t))$$

のときは

$$h'(t) = f'(g(t))\cdot g'(t)$$

であることも分かる. 非常に荒っぽい議論をすると, このことは次のように証明できる.

$$\Delta g(t_0) = g(t_0 +\Delta t)-g(t_0)$$

とおくと

$$\lim_{\Delta t\to 0}\frac{\Delta g(t_0)}{\Delta t} = g'(t_0).$$

したがって

$$h'(t_0) = \lim_{\Delta t \to 0} \frac{h(t_0 + \Delta t) - h(t_0)}{\Delta t}$$

$$= \lim_{\Delta t \to 0} \frac{f(g(t_0 + \Delta t)) - f(g(t_0))}{\Delta t}$$

$$= \lim_{\Delta t \to 0} \frac{f(g(t_0) + \Delta g(t_0)) - f(g(t_0))}{\Delta g(t_0)} \cdot \frac{\Delta g(t_0)}{\Delta t}$$

$$= f'(g(t_0)) g'(t_0)$$

である．実際には $\Delta g(t_0) = 0$ となる場合があり得るので，そのことを考慮していない上の議論は不完全である．

　この合成関数の微分は応用上重要である．

　たとえば $g(x)$ が $f(x)$ の逆関数であれば（$y = f(x)$ に対して x を y の関数 $x = g(y)$ と見ることができるときに g を f の逆関数という），$f(g(x)) = x$ が成立する．したがって合成関数の微分によって

$$f'(g(x)) g'(x) = 1$$

であるので

$$g'(x) = \frac{1}{f'(g(x))}$$

が成り立つ．たとえば指数関数 e^x の逆関数は $\log x$（数学以外では $\ln x$ と書かれることが多い）であるが，

$$\frac{d}{dx} e^x = e^x$$

であるので

$$\frac{d}{dx} \log x = \frac{1}{e^{\log x}} = \frac{1}{x}$$

である．したがって合成関数の微分によって

$$\frac{d}{dx} \log f(x) = \frac{f'(x)}{f(x)}$$

である．この事実は微分方程式を解く場合によく使われる．

2　積分

　微分が微小時間の変化率を表現しているのに対して，積分は微小時間の変化が積み重なって有限の時間にどれくらい変化したかを表す量と考えることができる．

$a = t_0 \quad t_1 \, t_2 \, t_3 \, t_4 \qquad\qquad\qquad t_{N-1} \, t_N = b$

区間 $[a, b]$ を分割する

　時間 $t = a$ から $t = b$ までの各時刻 t での瞬間的な変化が関数 $f(t)$ で表されたとすると，$t = a$ から $t = b$ までの大体の変化は，区間 $[a, b]$ を

$$a = t_0 < t_1 < t_2 < \cdots < t_{N-1} < t_N = b \qquad (3)$$

と小さな区間に分けて

$$S = \sum_{j=1}^{N} f(\xi_j)(t_j - t_{j-1}), \quad t_{j-1} \leqq \xi_j \leqq t_j \qquad (4)$$

を考えると，これが時刻 $t = a$ から $t = b$ までの変化の大まかな総量であることが下の図から分かる．

　ここで，区間 $[a, b]$ の分割 (3) を $t_j - t_{j-1}$ $(j = 1, 2, \cdots, N)$ がどんどん小さくなるようにとっていったときに (4) の S

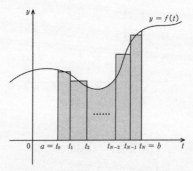

時刻 $t = a$ から $t = b$ までの変化の総量は
ほぼ灰色部分の面積に等しい

がある値に近づけば $f(t)$ は区間 $[a, b]$ で積分可能であると
言い，この極限値を

$$\int_a^b f(t)dt$$

と記し，関数 $f(t)$ の a から b までの**定積分**という．上の図
から明らかなように，これは t 軸の区間 $[a, b]$ とその上に
あるグラフで囲まれた図形の面積にほかならない．ただ
し，グラフが t 軸の下にあるときは面積は負と考える（次
の図）．この場合は (4) が負になることから明らかであろ
う．

　関数 $f(t)$ が区間 $[a, b]$ で積分可能であれば，$a < c < b$
に対して

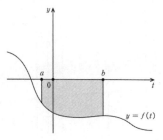

$y = f(t)$ のグラフが t 軸の下にあれ
ば $\int_a^b f(t)dt$ は負となる

$$\int_a^c f(t)dt + \int_c^b f(t)dt = \int_a^b f(t)dt$$

が成り立つことも関数のグラフを考えることによって明ら
かである．また議論を簡単にするために

$$\int_b^a f(t)dt = -\int_a^b f(t)dt$$

と約束する．したがって $a > b$ の場合でも積分 $\int_a^b f(t)dt$

が意味を持つことになる．

　微分と違って積分は関数に有限個の不連続点があっても
定義できる．

　区間 $[a, b]$ で定義された関数 $f(t)$ がこの区間で積分可能
であれば

$$F(s) = \int_a^s f(t)dt \qquad (5)$$

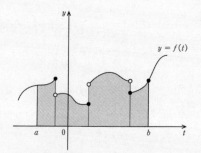

不連続点が有限個あっても積分は定義できる

とおくと $F(s)$ も区間 $[a, b]$ で定義された関数になる．$F(s)$ が連続関数であることは積分の定義から明らかであろう．

$$\lim_{s \to c} F(s) = \lim_{s \to c} \int_a^s f(t)dt = \int_a^c f(t)dt = F(c)$$

それでは $F(s)$ は微分可能であろうか？

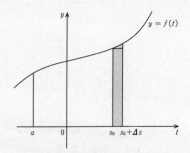

斜線の部分の面積は Δs が小さいときは $f(s_0)\Delta s$ とそれほど変わらない

$$F(s_0 + \Delta s) - F(s_0) = \int_a^{s_0 + \Delta s} f(t)dt - \int_a^{s_0} f(t)dt$$

$$= \int_{s_0}^{s_0 + \Delta s} f(t)dt$$

関数 $f(t)$ が $t = s_0$ で連続であれば，Δs が十分小さいときは $\int_{s_0}^{s_0 + \Delta s} f(t)dt$ は $f(s_0)\Delta s$ とほとんど変わらない．したがって

$$\lim_{\Delta s \to 0} \frac{1}{\Delta s} \int_{s_0}^{s_0 + \Delta s} f(t)dt = f(s_0)$$

であることが分かり $F(s)$ は s_0 で連続である．しかし $f(t)$ が $t = s_0$ で連続でなければ，たとえば図のように s_0 に左から近づくと m に，右から近づくと M になったとする場合，$\Delta s > 0$ であれば $\int_{s_0}^{s_0 + \Delta s} f(t)dt$ は $M\Delta s$ にほぼ等しく，$\Delta s < 0$ であれば $\int_{s_0}^{s_0 + \Delta s} f(t)dt = -\int_{s_0 + \Delta s}^{s_0} f(t)dt$ は $m\Delta s$ にほ

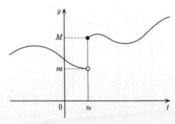

s_0 に左から近づくと $f(s)$ は m に，右から近づくと $f(s)$ は M に近づく

ぼ等しくなるので

$$\lim_{\Delta s>0, \Delta s\to 0} \frac{1}{\Delta s}\int_{s_0}^{s_0+\Delta s} f(t)dt = M$$

$$\lim_{\Delta s<0, \Delta s\to 0} \frac{1}{\Delta s}\int_{s_0}^{s_0+\Delta s} f(t)dt = m$$

となる. $M \neq m$ であるので $F(s)$ は s_0 で微分可能ではない.

　定理　関数 $f(t)$ が区間 $[a, b]$ で連続であれば $F(s) = \int_a^s f(t)dt$ は区間 $[a, b]$ で微分可能であり,

$$F'(s) = f(s)$$

が成り立つ.

　この定理は 17 世紀後半にニュートンとライプニッツが独立に見出したもので, この定理によって微分と積分が逆の関係にあることが分かり微分積分学が確立した.
　一般に連続関数 $f(t)$ に対して $G'(t) = f(t)$ となる関数 $G(t)$ が存在するときに, $G(t)$ を $f(t)$ の原始関数という. 原始関数が存在すれば

$$\int_a^b f(t)dt = G(b) - G(a)$$

が成り立つ. なぜならば, (5) で積分を使って定義した $F(t)$ は $f(t)$ の原始関数であり, $F(a) = 0$, $F(b) = \int_a^b f(t)dt$ であるので $G(t) - F(t)$ が定数であることを示せ

ばよい. $g(t) = G(t) - F(t)$ と定義すると, 常に

$$g'(t) = G'(t) - F'(t) = f(t) - f(t) = 0$$

である. 関数 $g(t)$ のグラフの接線の傾きは常に 0 である
のでこれは定数関数でなければならない. このことから,
定積分の計算は原始関数が分かっていれば簡単であること
が分かる. また, 原始関数を使って定積分を定義するとき
に $G(b) - G(a)$ を $\left[G(x) \right]_a^b$ と記することがある.

　積分の定義から

$$\int_a^b (\alpha f(x) + \beta g(x)) dx = \alpha \int_a^b f(x) dx + \beta \int_a^b g(x) dx$$

が成り立つことも容易に分かる. これは当り前であるが重
要な事実である. さらに, 上で述べた微分の性質 2(関数
の積の微分) を使うと, 部分積分の公式が得られる. これ
は応用範囲の広い定理である.

$$\int_a^b f(x) g'(x) dx = \left[f(x) g(x) \right]_a^b - \int_a^b f'(x) g(x) dx$$

3　微分方程式

　自然界の法則は微小時間の変化の法則として表されるこ
とが多い. たとえば直線上を動く自動車の時刻 t での走行
距離を $x(t)$ とすると $x'(t)$ は時刻 t での速度であり, 速度
の微分 $x''(t)$ は速度の瞬間的な変化の割合を表し, 加速度
と呼ばれる. 自動車で加速すると後ろに引っ張られる, エ

レベータが上がり始めると下に引っ張られるように感じ，
目的の階に停まり始めると上に浮き上がるように感じるの
は加速度の変化によって力を受けるからである．

　直線上を運動する物体の時刻 t での位置を $x(t)$，物体に
時刻 t で働く力を $F(t)$，とすると加速度と力の関係を示
すニュートンの運動法則は

$$mx''(t) = F(t)$$

で与えられる．ここで m は物体の質量である．地球上で
は地球の中心に向かって重力が働いている．短距離ではこ
の重力は一定で物体の質量に比例すると考えられる．地上
でものを落とすと，地球の中心を通る直線にそって落下す
る．質量 m の物体に働く重力は mg であり，重力加速度 g
はほぼ $9.8\,\mathrm{m/s^2}$ である．地表の点を原点にして上空を正
であるように座標をとり，長さの単位をメートルにとる
と，落下する物体の運動は

$$mx''(t) = -mg \tag{6}$$

で与えられる．$-$ が右辺についているのは地球の内側に
向かう方向を負としたからである．

　このように関数 $x(t)$ の微分が含まれた方程式を微分方
程式という．今の場合，2階微分を含んでいるので2階の
微分方程式という．微分方程式(6)を解くにはどうしたら
よいであろうか．方程式(6)の右辺は定数であるので簡単
に解くことができる．両辺を m で割って

$$x''(t) = -g$$

を解けばよいが，2回微分して定数になる関数は2次関数

であることはすぐに分かる．したがって

$$x(t) = -\frac{1}{2}gt^2 + \alpha t + \beta$$

とおけば微分方程式(6)が満足されることになる．α, β は
ある定数であり，微分方程式だけからは決まらない．時刻
$t = 0$ で物体を $x = a$ の高さから手から放したとすると，
$x(0) = a$ でなければならないので $\beta = a$ であることが分
かる．また，$t = 0$ で何も力を加えずに物体を放したとす
れば $t = 0$ で物体の速度は0である．すなわち $x'(0) = 0$.
$x'(t) = -gt + \alpha$ であるので $\alpha = 0$ であることが分かる．
したがって

$$x(t) = -\frac{1}{2}gt^2 + a$$

である．このように $t = 0$ での物体の位置と速度が与えら
れると初めて α, β が決まる．$t = 0$ での物体の位置と速度
は微分方程式(6)の初期条件と呼ばれる．初期条件が与え
られると微分方程式の解は一意的に決まる．（特殊な例外
もあるがここでは述べない.）

　きわめて簡単ではあるが重要な微分方程式に

$$x'(t) = Ax(t)$$

がある．この微分方程式の解は

$$x(t) = Be^{At}$$

で与えられる．B は任意定数である．$t = t_0$ で $x(t_0) = C$
であるとすると

$$Be^{At_0} = C$$

より

$$B = Ce^{-At_0}$$

となって，求める関数は

$$x(t) = Ce^{A(t-t_0)}$$

であることが分かる．1階の微分方程式の初期条件は $t = t_0$ での関数の値だけでよい．

それでは

$$x'(t) = \frac{A}{x(t)}$$

の解はどのようになるであろうか．

$$\frac{d}{dt}\left\{\frac{1}{2}x(t)\right\}^2 = x(t)x'(t)$$

であることに注意すれば，上の微分方程式は

$$\frac{d}{dt}\left\{\frac{1}{2}x(t)\right\}^2 = A$$

と書くことができ，これより

$$\left\{\frac{1}{2}x(t)\right\}^2 = At + B$$

となる．すなわち

$$x(t) = \pm 2\sqrt{At + B}$$

となる．$x(0)$ の値によって平方根の前の符号と B が一意的に定まる．

次に微分方程式

$$\frac{dx}{dt} = Ax + Bx^2$$

を考えてみよう．ただし，$A \neq 0$, $B \neq 0$ は定数とする．

$$\left.\begin{array}{l}
\dfrac{1}{x(A+Bx)} \cdot \dfrac{dx}{dt} = 1 \\[3mm]
\dfrac{1}{A}\left(\dfrac{1}{x} - \dfrac{B}{A+Bx}\right)\dfrac{dx}{dt} = 1 \\[3mm]
\dfrac{1}{x} \cdot \dfrac{dx}{dt} - \dfrac{B}{A+Bx} \cdot \dfrac{dx}{dt} = A
\end{array}\right\} \quad (7)$$

と変形できる．さらに

$$\frac{d}{dt}\log x = \frac{1}{x} \cdot \frac{dx}{dt}$$

$$\frac{d}{dt}\log(A+Bx) = \frac{B}{A+Bx}\frac{dx}{dt}$$

に注意すると(7)の解は

$$\log x - \log(A+Bx) = At + C$$

と書けることが分かる．ここで C は初期条件から決まる定数である．これより

$$\log\left(\frac{A}{x} + B\right) = -At - C$$

と書け

$$\frac{A}{x} + B = e^{-At-C}$$

となる．したがって

$$x = \frac{A}{e^{-At-C} - B}$$

であることが分かる．$x(t_0) = a$ であれば

$$a = \frac{A}{e^{-At_0 - C} - B}$$

より

$$C = -At_0 - \log\left(\frac{A}{a} + B\right)$$

であることが分かる.

　以上の例のように具体的な関数を使って解くことのできる微分方程式は多くはない. 一般には, 与えられた初期条件の下で解が一意的に存在することが証明できる. また, コンピュータを使うことによって解の近似値を求めることもできる.

後書き

　本書は『数学セミナー』2000 年 4 月号から 1 年間連載
した「数学と総合学習」を加筆・修正したものである．連
載終了後，『数学セミナー』編集部の西川雅祐氏から何度
も連載記事を単行本化するように勧められながらなかなか
決心がつかなかった．連載した内容は，数学を教える立場
の方達にはあまりに自明で，強いて単行本化する必要もな
いだろうという気持ちがどうしても先立ってしまい，大学
での忙しさも手伝って，返事を先延ばしにしていた．

　しかし，2 年ほど前，あるスーパー・サイエンス・ハイ
スクールでの数学の授業を参観して，私の考えが間違って
いることに否が応でも気がつかされた．その授業では，太
陽光発電の問題が取りあげられ，発電量が時間によってど
のように変化するか，また 1 日の発電量をどう計算するか
という盛りだくさんの内容であった．どのような授業にな
るのだろうと期待して見ていたが次第に失望せざるを得な
かった．

　太陽と太陽電池パネルの位置関係の時間変化をコンピュ
ータを使って図示して，その後すぐに発電量はどう時間変
化するかと先生から生徒達への質問が投げかけられた．太

陽光発電の原理が分からなければ太陽光線の角度と発電量の関係は説明できない．しかも，その原理は量子力学と関係し，私たちの認識の基礎を揺るがす不思議さを持っている．スーパー・サイエンス・ハイスクールとは，まさしく，そのような原理的なところに立ち返って，その不思議さを味わい，またその原理から議論を積み重ねていく授業を行うところとばかり思っていたのでこれには驚いた．これでは科学的どころかスーパーサイエンス（オカルト）以外の何ものでもない．授業では一人の生徒が「発電量は正弦関数的に変化する」と答えたが，その理論的な根拠を示すことはできなかった．勘が大切な場合もあるが，数学や自然科学の授業では，何を仮定してどのような結論を導いたか，その過程こそが重要である．

その授業では関数電卓を使って発電量の変化のグラフを電卓のディスプレイ上に描かせ，さらに1日の発電量が積分として表せることから積分も関数電卓を使って行わせた．授業の後，講評にたった教育学者が，関数電卓を使うことによってグラフを描かせることができ，微積分を知らなくても積分も計算できると関数電卓の使用を絶賛した．ディスプレイ上のグラフは x 軸と y 軸の目盛りの縮尺が違っているという基本的な事実を教師もこの講評者も指摘することはなかったし，ニュートンの流率と流量との関係にも言及することもなかった．その杜撰な講評にも驚いたが，さらに驚かされたのは，この授業を参観した一部の数学の先生達がメーリングリスト上で，授業に大変好意的な

評価をしていることであった.「数学は数学,物理は物理」,数学の生まれ育ってきた歴史を無視し,生徒達に量子力学の不思議さ,数学との密接な関係,しかもそれが今日の科学技術文明で重要な役割を果たしていることを語らずして,一体何のために太陽光発電の問題を取りあげたのか.スーパー・サイエンス・ハイスクールでなくても当然言及すべき事実を,数学と直接関係ないからと切り捨ててしまう授業に,数学に対する底知れぬ誤解を見出し,私が当たり前と思っていることは決して当たり前でなかったことを痛感させられた.

　それから意を決して,2000年度の『数学セミナー』の原稿の加筆・修正を始めたが,仕事がはかどらず,西川氏には迷惑をかけ続けた.西川氏の足かけ8年にわたる忍耐強い励ましがなかったら本書は完成することはなかった.西川雅祐氏に対して深く感謝する.

文庫版後書き

　本書は 2000 年 4 月から 1 年間雑誌「数学セミナー」に連載した記事をもとに 2008 年に出版されたものである．現状にあわせて，必要最低限度の加筆訂正を行った．

　2000 年当時，初等中等教育で「総合的学習の時間」が導入され，それにたいして，数学こそは総合的な学習の時間にふさわしい内容を持ち，かつ数量的な把握が総合的な学習の時間では大切であることを強調する意図で連載したものである．そのために，対象を学校の先生方と高校生を中心とし，さらに一般の社会人も対象として，自ら考えることのできる基礎を養えるように配慮した．そのため，多くの課題を記し，一つの話題から様々な方向に考えを拡げることができるように配慮した．

　もとの連載が始められてから 20 年以上も経ち，その間に日本も世界も大きな問題に直面している．まず，何よりも 2011 年の東日本大震災とその津波による福島第一原発事故を挙げなければならない．さらに，地球環境問題の深刻化，コロナ感染症の問題，ロシアによるウクライナ侵攻とそれに伴う世界経済・政治の混乱を挙げなければならない．コロナ禍とウクライナ侵攻は，歴史を 100 年前にひきもどしたような錯覚さえ覚える．100 年前にも毒ガスが登

場し，多くの兵士を苦しめた．現在は，高度に発達した科学技術によって，人殺しの最たる道具である兵器は驚くべき進化を遂げ，戦争による被害の大きさは100年前とは比較にならない．

　こうした，高度の軍事技術を支えているのが数学である．本書では，数学のもつ正の側面のみを述べたが，今日の状況を見れば，数学のもつ負の側面にも，もっと焦点をあてる必要がある．しかも，その負の側面は，私たちの生活を豊かにする技術と表裏一体の関係にある．私たちが，携帯電話を使って，混線を引き起こすことなく快適に通話できるのも，小惑星リュウグウに近づいたハヤブサ2号に指令を送ることができるのも，雑音の中から微弱な電波を選り分けることを可能にする符号理論のおかげである．その符号理論は19世紀にガロアが群を考えるために導入した有限体の理論に基づいている．また，ネットでクレジットカードを使って安全な買い物ができるのは，公開鍵暗号方式と呼ばれる理論に基づくが，それは初等整数論の基本的な定理であるフェルマの小定理とオイラーの定理のおかげである．しかし，これらの理論は，ミサイルを正確に誘導するための技術として，また，傍受されても秘密が保てるように通信ができる技術として，軍事利用されている．私たちの生活を快適にする技術は，一方では人殺しに有効な技術として使われるという，数学の危機的な現状を浮かび上がらせている．民生利用と軍事利用とが同時に行われることは多くの技術で指摘できることではあるが，こうし

た技術の多くは数学に支えられていることも紛れもない事実である.

　江戸時代末期から明治時代にかけて, 時の政府が西洋数学の移植を急いだ背景にも軍事技術への数学の応用があった. 平和な江戸時代に発達した日本の数学, 和算は高度に発達し, 多くの人が和算を楽しんだが, 一方で軍事への応用が全くできなかった. 変化するものを捉える数学が江戸時代には必要とされず, 微積分が未発達だったことがその大きな理由である. 本書で強調したように, 微積分は変化するものを数学的に捉えることを可能にし, それが科学技術への応用へと繋がり, 西洋文明が世界を支配するまでになっていった. しかし, 西洋の科学技術の進展には, 昔から, 常に軍事技術への応用が見え隠れしていた. ガリレオ・ガリレイが物体の運動を研究し落下の法則を見出したのは, 彼が語るところによれば, 大砲の弾道への興味からであり, 物体の運動と天体の運動を結びつけたニュートン力学は工学の基礎となり, 軍事技術の基礎ともなった. そのニュートン力学を支えているのは微積分に他ならない.

　こうした不都合な事実を直視し, 事実を事実として受け入れるためには強い意志が必要とされる. 本書第1章の最後に引用した「西田の思ひ出」の中にある「知力の徹底性」が必要とされる. そのためには, 事実を単に感覚的に受け止めるだけでなく, 数量的に把握することが重要になってくる. 本書で強調したかったことの一つはこのことである. その一方で, 私たち日本人が得意とする感覚的に

事態を把握する力も大切である．感覚的な把握が数量的な
把握に裏打ちされることによって理解が深まる．本書に記
した課題の多くはこの二兎を追っている．

　感覚的な把握と数量的な把握の違いは，私たちがよく口
にし，耳にする「安全・安心」という言葉に見ることがで
きる．ときどき，「安全だが安心できない」という議論を
聞くが，安心できないのであれば，安全であると理解した
ところに，どこか見落としが潜んでいることを感覚的に捉
えている可能性がある．そうであれば，何を見落としてい
るのか調べる必要がある．しかし，この点に関しては私た
ちは勤勉とは言いがたい．ほとんどが不安を口にするだけ
で，それ以上は追求しようとしない．その一方で，原発の
問題のように，必ずしも安全でないものに，比較的安心し
ている場合も多い．もちろん，100 パーセント安全である
ことはないので，どれくらいの危険性があるのかを把握し
た上での安心でなければならないが，こうした作業は私た
ちは不得手である．おまけに，都合の悪いことには目をつ
ぶり，極端な場合はそんなことは起こらない，あり得ない
ことにしてしまう．

　その典型的な例を東日本大震災の際の福島第一原発事故
に見ることができる．大地震の際に 10 メートル以上の津
波が押し寄せ，波面の高さは 15 メートルを超えるかもし
れないとの試算が 2008 年には東電内部で示されていたに
もかかわらず，東電幹部は単なる可能性であるとして試算
を無視した．東日本大震災のとき，震源地により近く，13

メートルの津波が襲った東北電力女川原発では大事故は起こらなかった．福島第二原発も事故を回避することができた．これらの原発と福島第一原発とを比較してみると，福島第一原発の事故は人災であると言わざるを得ない側面が大きいことが分かる．

　東北電力女川原発は 1960 年代の建設段階では，法律では津波対策としては 3 メートルの津波を想定すればよかった．当時，東北電力の副社長であった平井弥之助は女川原発の建設段階から，貞観津波や明治三陸津波の調査を行って，原発を海抜 15 メートルの高さの敷地に建設するように強く主張し，それを実現させた．東日本大震災の際，女川原発の敷地は 1 メートル沈降し，13 メートルの津波が押し寄せたが，平井弥之助の英断によって，からくも難を免れることができた．当時の法律を守って海抜 3 メートル近くに原発を建設して，想定外の事故と主張することはできたかもしれないが，「法律は尊重する．だが，技術者には法令に定める基準や指針を越えて，結果責任が問われる」と語っていた平井の技術者としての態度が女川原発を事故から救ったことになる．

　また，福島第二原発では 9 メートルの津波が 5 メートルの防波堤を越えて押し寄せたが，中央制御室の電源が落ちず，外部電源の 1 系統，非常用電源も一部生き残る幸運に恵まれた．しかし 4 つある稼働中の原発を停止させるためには，電源をつなぎ直すなどの複雑な作業が必要であった．福島第二原発では，中央制御室と緊急時対策室とのコ

ミュニケーションがうまくいくようにする提言が事故以前
に現場からあり，当時の所長がこの提言を受け入れ，対策
を実行していたので，事故当時も連携がうまくいき，間一
髪で事故を免れた．

　一方，福島第一原発は防波堤を高くするようにとの内部
からの提言を東電幹部は無視し，事故当時，中央制御室と
緊急時対策室との連携もうまくとれず，対策が後手に回っ
た．事故拡大の回避に尽力した当時の所長をマスコミは好
意的に報じたが，福島第二原発に比べれば，中央制御室と
緊急時対策室との連携という非常時を想定した対策が不足
していたことは否めず，当時の所長の責任は免れない．

　私たちは，とかく事故にのみ目を向けがちであるが，事
故からどのような教訓を学ぶのかが依然として不十分であ
る．女川原発や福島第二原発の当時の対応に，なぜかマス
コミは冷淡である．ここでも，事故を徹底的に見て，事故
を起こさなかった他の原発との違いを比較し，教訓を得よ
うとする態度が希薄である．都合の悪い事実はなるべく見
ないようにするという暗黙の力が働いているように思えて
ならない．こうした態度を打ち破るためには，日頃から，
事実を事実としてしっかり見る必要がある．本書が，そう
した態度を養う一助となることを期待している．

　ところで，本書では多くのネット上のサイトを引用した
が，そのいくつが現在のネット上からは姿を消しているこ
とに愕然とした．本であれば図書館で探すことも，古書と
してに入手することも可能であるが，優れたサイトがなく

なってしまうと現状ではアクセスすることが不可能になってしまい，ネット時代の盲点になっている．今後何らかの形で改善策が生まれることを期待したい．

　末筆になってしまったが，本書の刊行に当たって「ちくま学芸文庫」の編集部の方々に大変お世話になった．心からお礼を述べたい．

　　　2023 年 1 月

文庫解説　数学フィールドワークの法則

　本書のタイトル『数学フィールドワーク』を見た時，首をかしげた人は少なくないのではないか．恥ずかしながら，私は，数学はとことん頭脳を使う学問で，もし他に何か必要なら，紙と筆記用具ぐらいだと思っていた．

　だから，数学のフィールドワークとは何か知りたくて，最初に目次を開いた．

　1章の大きい数，小さい数はいいとして，内容を見ていくと……，ゾウリムシ，放射能，年代測定……，何だこれ？　あれ？　2章，3章と進むにつれて節の数が減っている．なぜ均等に構成していないのだろう？　単調減少数列の問題を読者に投げかけているのか？　それならもう見抜いたぞ（笑）．しかし，知りたいのは数学のフィールドワークだ．最後の4章は芸術と数学になっている．これがフィールドワーク？　芸術の現場に踏み込んで，数学の探求ができるのだろうか……．

　その後，本書を，私は私なりに懸命に熟読した．何とか学べたことを，最初から分かっていたように書いても，賢明な読者からはその程度かと笑われるだろうし，そもそもそんな書き方をしたら人間として失格だ．

　そこで，私の数学レベルの（低い）初期値を明らかにし

た上で，本書から何を感じまた何を学んだのか，決して自慢できないそのプロセスも含めて書くことにする．

　最初に略歴を中心とした自己紹介をしたい．鳴海風というのは，歴史作家としての筆名だ．主に和算（江戸時代に発達した日本の数学）を題材にした小説を書いている．

　歴史作家だから，歴史に強いかというと，そうではない．高校時代に最も苦手な科目が日本史だった．赤点ばかりとるものだから，最後の定期試験の前に教師から呼ばれ「今度も赤点だったら単位は与えない」と警告された．この原因は，記憶力の問題だ．たとえば何かを見た直後でも，その見たものを私は鮮明に思い出せない．

　私にはもちろん本名（原嶋茂）がある．工学部（機械工学専攻）を出て定年まで技術者として働いた．本名での著書もあるし，大学院で非常勤講師を務めていたこともあるが，本当に優秀な技術者か疑問だ．

　なぜなら，私の技術力は，一浪一留して最高学府を卒業し，やっと身につけたものだ．社会人になると，がむしゃらに（自分流で）働いた．会社の目的（収益など）を達成するため，手段（新技術開発）は他人任せだった．そんな働き方を長年続けたため，マネジメント力は向上したかもしれないが，自分の技術力は，世の中の進歩から遅れてしまった．

　最後に，数学力について書く．

　私は和算小説家だが，小説は人間を書くものなので，和

算家の人間研究に力を入れていて，和算の数学的な理解は
十分でない（算木算盤はおろか，そろばんも使えないし）．

　数学は嫌いではない．むしろ好きだが，得意とは言えな
い．学び方は他人と違っていた．

　例をいくつかあげる．

　小学校の時，算数で平行四辺形が出た．私は自宅で四本
の細い板を釘で打ちつけて，長方形から平行四辺形になる
様子を眺めてやっと納得した．中学時代，2次方程式を学
んだ．試験の時，根の公式（現在は解の公式というらしい）
を覚えていないので，公式を導いてから問題を解いた．と
ころが，同級生たちは因数分解（たすきがけ）でさっさと
解いていた．私ひとり，因数分解を知らなかった．高校時
代も，解答用紙に延々と数式を書き並べ（これは途中でミ
スも起きやすい），良い点はとれなかった．

　もうお分かりと思うが，数学は（実は他の科目も）ほと
んど独学だった（ちなみに家庭教師や塾通いの経験もない）．
原因は，理解する速度（頭の回転とは少し違う）が遅いこと
で，授業についていけなかったのだ．

　貧弱な記憶力と理解する速度の遅さは，今も変わってい
ない．とっくに還暦は過ぎて，人生経験は長い．同年齢の
人には及ばないが，独学と自分流で積み上げた知識で，こ
の『数学フィールドワーク』に挑んだ．

　冒頭に1章の大きい数，小さい数はいいとして，と書い
た．この最初の判断は油断だった．1章を読みながら，そ

の油断は長く続いた．知っていることがらが続き，研究課題が与えられても，何となく答えが予想できると，スルーしていった．

　最初に気になったゾウリムシの分裂になって，解説が一気に数学的になった．$y = 2^x$ のグラフがあって，イメージだけで理解しようとする読者（私のこと）を許さない．本来 y がとる値は，2, 4, 8, ……だが，グラフは連続していることを注意する．それは x が連続した数で実数だからだ．実数には有理数と無理数があって，有理数は2つの整数の比 $\dfrac{p}{q}$ で表される……．説明が厳密になってきた．

　そして，研究課題がいくつも続く．ゾウリムシの分裂を実際に観察（フィールドワーク）することを求める．増加の仕方は，単純に 2, 4, 8, ……ではないことを知った．現実は，環境が理想的でないため，分裂速度は遅くなっていく．また，分裂を繰り返したゾウリムシは（老化したように）分裂しにくくなり，他の（できるだけ自分から分裂したのでない）ゾウリムシと接合して（若返るためだろう．この時点で総数が何と減少し）再び分裂を始める．分裂するにも時間がかかるから，観察しているある瞬間では，分裂数は割合（1以下の小数）で表すしかない．こうなると，観察している視野の中の分裂数は，正の実数で表せるから，連続したグラフ表示も意味のないことではない……（そこまで書いてないが）．う〜ん，数と言っても奥が深い．

　キリンがロープの下をくぐれるかという問題は，興味深

かったので，検算してみた．納得して笑ってしまったが，
こういう息抜きが入っているのは私には救いだった．

　また，放射能のところでは，核分裂を理論的に解明した
女性でユダヤ人の科学者リーゼ・マイトナーのことを紹介
し，年代測定のところでは，科学や技術は進歩することを
忘れてしまう驕りをいましめている．数に関係した事例を
フィールドワークすることで，得られることはこんなに多
かったのか．

　私が大きい数，小さい数で油断した理由は，和算書で最
も有名な『塵劫記』と同じだと単純に思ったからだ．寛政
4 年 (1792) の初版，巻之一の目録（目次）では，一が
「大かす（大数）の名の事」，二が「一よりうち（内）こか
す（小数）の名の事」，である．著者の吉田光由も，大き
い数，小さい数を深く考察する大切さを認識していたのか
もしれない．

　2 章の測定と単位は，ひ弱だが私の技術者魂をゆさぶっ
た．技術者は数字を見ると単位を知りたがる．理論や公式
で数式表現されていると，本能的に次元解析して納得しよ
うとする．たとえば，ニュートンの運動方程式なら，質量
に加速度をかけると，力と同じ次元になる．それで安心し
てこの運動方程式を受け入れるのだ．

　ついでに，経営指標（ROE，ROA など）も同じで，定義
式だけでなく，式を変形したり分解したりすることで，経
営戦略として何に注力すべきか判断できる．

　音のレベルとして常用対数を用いたデシベルの定義は，大学時代に使っていたから知っていた．しかし，本書を読むと，音の強さが 10 倍になると，人間の耳には倍の大きさの騒音として聞こえるという実験結果が元になっていたという．科学的な原理に基づいていると思い込んでいた私には，この人間臭いデシベルの定義は新鮮だった．五感というくらいだから，他の感覚にも，そういった数的な規則があるかもしれない．数学のフィールドワークって意外と面白い．

　この章では，伊能忠敬の師匠にあたる，高橋至時と間重富が出てくる．江戸時代の天文学者だった 2 人とも私は小説に書いたので，彼らが獲得した西洋の天文学や科学知識を，勉強してある程度知っている．

　寛政 7 年 7 月 13 日（西暦 1795 年 8 月 27 日）の夕方，2 人は江戸橋で，偶然木星食（木星が月の背後に隠れる天体現象）が始まるのを目撃した．すぐに紙縒りと一文銭で手製の振り子を作り，それで天体現象の経過時間を測りながら，幕府の天文台がある浅草まで歩いて帰ったという記録が残っている．

　私は，天文シミュレータソフトを使って，その時，確かに木星食が江戸から観測できたことを確認した．次に，紙縒りの長さを想定して周期を決め，江戸橋から浅草までの歩行時間から，振り子の振動数を計算した．異常に多い数ではなかったから，数えられると判断し，短編小説「木星将に月に入らんとす」を書いた．

　2人が振り子の等時性や周期の公式を知っていたという
確信があったから書けたのだが，ただ記録を盲信するので
なく，シミュレーションと理論計算で現実性を確認した結
果，面白い発想も得られた．振動数を数えると言っても，
実際は数が増えると声を出して数えるのが大変になる．そ
こで，商人が使う符丁を，大坂の質商だった間重富に使わ
せた（フィクションだが）．今振り返ると，私がしたこと
は，数学フィールドワークだったのではないか．

　伊能忠敬に続く研究課題の中で，著者は「歴史はどのよ
うな視点に立つかによって見方が変わってくる」と書いて
いる．私には，過去の出来事であっても，現代科学の視点
で分析する重要性を主張している気がした．

　3章の地球環境問題と数学は，普通は難解である．なぜ
なら，地球環境問題は多変数関数で，しかもそれらの変数
は自然現象だけでなく人間が起こしている変化もあって，
複雑だからだ．しかし，前の1章，2章を熟読したこと
で，この問題の全体像を，私でもいくらか理解できるよう
になっていた．

　地球環境問題を約48億万年の地球の歴史の中でとらえ
る話は，何度か見聞きしている．これは地球環境を変化さ
せる因子として，目の前に見えていること（人類が増加さ
せてきた二酸化炭素量など）だけでなく，それよりも大きな
こと（人類が誕生する以前の二酸化炭素量の増減など）の存
在を注意してくれる．

　本書では統計データの信頼性についても注意を促しているが，もう私にはすぐに他の事例が頭に浮かんだ．たとえば石油埋蔵量である．子どもの頃から「やがて石油はなくなる」と何度も聞かされてきた．しかし，それは未だになくならないし，いつなくなるか明確でない．このからくりは，新たな油田が発見されただけでなく，石油の掘削技術や化学精製技術の進歩があったからだ．さらに，市場経済の原則「価格は需要量と供給量で決まる」がある．産油国は石油価格を下落させないため，供給量を操作するし，埋蔵量も明らかにしない．

　人口爆発と飢餓（食料）問題でヒステリックになっていた私は，数式モデルの説明を読んで，頭を冷やした．ちなみに，短期間だったが，私も大学院で OR（オペレーションズリサーチ）を教えていたことがある．学生に教えていて，自分は学んでいなかったことになる．謙虚に猛省すべしだ．

　4章の芸術と数学では，絵画の透視図法から，数学は単純な数だけでなく幾何学もあったことを思い出した．

　文学を数的に分析して生まれた「大野の法則」や「樺島の法則」は初めて知った．私もいちおう小説家だから言えることがある．小説は人間を書く．そのために描写を心がけるが，名詞だけでは描写にならない．形容詞を多用するのは手抜きだ．だから人間の言動する場面を多く書く．動詞の比率が物語で最も多いことは，理屈的にも納得でき

る.

　最後まで読んで，各章が密接に関係していることに気付いた．それは，著者も1章で指摘しているように，万物は数だからだ．数学フィールドワークの対象は，無限にありそうだ.

　こうなると，本書はどの章のタイトルから書き始めたとしてもよく，ただし最初の方でしっかり説明することは重要で，最後は補足に近くなっていったことが想像される.

　つまり，章の構成をどのように変えても，節の数は単調減少数列になる．それを「数学フィールドワークの法則」と呼んだら言い過ぎだろうか.

　私の本書の理解の限界だが，賢明な読者諸兄諸姉はいかがだったろう.

　　　　　　　　　　　　　歴史作家　鳴 海 風

本書は、二〇〇八年一二月二〇日、日本評論社より刊行されたものに加筆修正を施した。

変えても変わらない不変量とは？　そしてその意味
や用途とは？　ガロア理論や結び目の現代数学に現
われる、上級の数学センスをさぐる7講義。

「数とは何かそして何であるべきか」「連続性と無
理数」の二論文を収録。現代の視点から数学の基礎
付けを試みた充実の訳者解説を付す。新訳。

ビジネスにも有用な数学的思考法とは？　言葉を厳
密に使う「量を用いて考える」、分析的に考えるといっ
たポイントからとことん丁寧に解説する。（銀林浩）

群・環・体など代数の基本概念の構造を、構造主義
の歴史をおりまぜつつ、卓抜な比喩とていねいな計
算で確かめていく抽象代数学入門。

現代数学、恐るるに足らず！　学校数学より日常の
感覚の中に集合や構造、関数や群・位相の考え方を
探る大人のための入門書。（エッセイ　亀井哲治郎）

文字から文字式へ、そして方程式へ。巧みな例示と
丁寧な叙述で「方程式とは何か」を説いた最晩年の
名著。遠山数学の到達点がここに！　（小林道正）

数学史上最も偉大で美しい式を無限級数の和やフー
リエ変換、ディラック関数などの歴史的側面を説明
した後、計算式を用い丁寧に解説した入門書。

事実・推論・証明……。理屈っぽいとケムたがられ
る話題を、なるほどと納得させながら、ユーモア
たっぷりにひもといたゲーデルへの超入門書。

美しい数学とは詩なのです。いまさら数学者にはな
れないけれどそれを楽しめたら……。そんな期待に
応えてくれる心やさしいエッセイ風数学再入門。

野を歩き、花を摘むように数学的自然を彷徨した伝説の数学者・岡潔。本巻は、その圧倒的数学世界を、絶頂期から晩年、逝去に至るまで丹念に描く。

ロゲルギストを主宰した研究者的センスとは。力について、示量変数と示強変数、ルジャンドル変換、変分原理などの汎論四〇講。（田崎晴明）

科学とはどんなものか。ギリシャの力学から惑星の運動解明まで、理論変革の跡をひも解いた著者の入門書。三段階論で知られた科学啓蒙の名著。（上條隆志）

数感覚の芽生えから実数論・無限論の誕生まで、数万年にわたる人類と数の歴史を活写。アインシュタインも絶賛した数学読みの古典的名著。

初学者を対象に基礎理論を学ぶとともに、重要な具体例を取り上げ、それぞれの方程式の解法と解について解説する。練習問題を付した定評ある教科書。

モザイク文様等〝平面の結晶群〟ともいうべき周期性をもった図形の対称性を考察し、視覚イメージから抽象的な群論的思考へと誘う入門書。（梅田亨）

勝負の確率といった身近な現象の本質を解き明かす地球物理学の大家による数理エッセイ。後半に「微分方程式雑記帳」を収録する。

一般相対性理論の核心に最短距離で到達すべく、卓抜した数学的記述で簡明直截に書かれた天才ディラックによる入門書。詳細な解説を付す。

哲学のみならず数学においても不朽の功績を遺したデカルト。『方法序説』の本論として発表された『幾何学』、初の文庫化！（佐々木力）

ラプラス流の古典確率論とボレル－コルモゴロフ流の現代確率論。両者の関係性を意識しつつ、確率の基礎概念と数理を多数の例とともに丁寧に解説。

ユークリッドの平面幾何を公理的に再構成するには？　現代数学の考え方に触れつつ、幾何学が持つ面白さも体感できるよう初学者への配慮溢れる一冊。

初学者には抽象的でとっつきにくい〈現代数学〉。「集合」「写像とグラフ」「群論」「数学の構造」といった基本的な概念を解説した入門書。

諸科学や諸技術の根幹を担う数学、また「論理的・体系的な思考」を培う数学。この数学とは何ものなのか？　数学の思想と文化を究明する入門概説。

微積分の考え方は、日常生活のなかから自然に出てくるもの？　∫や lim の記号を使わず、具体例に沿って説明した定評ある入門書。(瀬山士郎)

算術は現代でいう数論。数の自明を疑わない明治の読者にその基礎を当時の最新学説で説く。『解析概論』の著者若き日の意欲作。(高瀬正仁)

大数学者が軽妙洒脱に学生たちに数学を語る！　60年ぶりに復刻された人柄のにじむ幻の同名エッセイ集を含む文庫オリジナル。(高木貞治)

青年ガウスは目覚めとともに正十七角形の作図法を思いついた。初等幾何に露頭した数論の一端！　創造の世界に迫る原典精読第2弾。(高瀬正仁)

詩人数学者と呼ばれ、数学の世界に日本的情緒を見事開花させた不世出の天才・岡潔。その人間形成と研究生活を克明に描く。誕生から研究の絶頂期へ。

ひとつの学問として、広がり、深まりゆく数学。数・微積分・無限など「概念」の誕生と発展を軸にその歩みを辿る。オリジナル書き下ろし。全3巻。

第2巻では19世紀の数学を展望。数概念の拡張によりもたらされた複素解析のほか、フーリエ解析、非ユークリッド幾何誕生の過程を追う。

19世紀後半、「無限」概念の登場とともに数学は大転換を迎える。カントルとハウスドルフの集合論、そしてユダヤ人数学者の寄与について。全3巻完結。

「多様体」は今や現代数学必須の概念。「位相」「微分」などの基礎概念を丁寧に解説・図説しながら、多様体のもつ深い意味を探ってゆく。

現代数学の視点から、リー群を初めて大局的に論じた古典的著作。著者の導いた諸定理はいまなお有用性を失わない。本邦初訳。
（平井武）

現代数学は怖くない!「集合」「関数」「確率」などの基本概念をイメージ豊かに解説。直観で現代数学の全体を見渡せる入門書。図版多数。
（砂田利一）

研究者になるってどういうこと?数学者が豊富な実体験を紹介。現役で活躍する数学者との付き合い方から「してはいけないこと」まで。

なぜ金属製の重い機体が自由に空を飛べるのか?その工学と技術を、リリエンタール、ライト兄弟などのエピソードをまじえ歴史的にひもとく。

「ものの集まり」という素朴な概念が生んだ奇妙な世界、集合論。部分集合・空集合などの基礎から、丁寧な叙述で連続体や順序数の深みへと誘う。

ちくま学芸文庫

数<ruby>学<rt>すうがく</rt></ruby>フィールドワーク

二〇二三年二月十日　第一刷発行

著　者　上野健爾（うえの・けんじ）

発行者　喜入冬子

発行所　株式会社筑摩書房
　　　　東京都台東区蔵前二―五―三　〒一一一―八七五五
　　　　電話番号　〇三―五六八七―二六〇一（代表）

装幀者　安野光雅

印刷所　大日本法令印刷株式会社

製本所　株式会社積信堂

©Kenji Ueno 2023 Printed in Japan
ISBN978-4-480-51167-6 C0141